# 在奋斗中蜕变

成功的秘诀，是在养成迅速去做的习惯，
要趁着潮水涨得最高的一刹那，
不但没有阻力，而且能帮助你迅速地成功。

浩晨·天宇◎编著

中国言实出版社

图书在版 编目(CIP)数据

　　在奋斗中蜕变 / 浩晨·天宇编著. -- 北京 ：中国
言实出版社，2017.1
　　ISBN 978-7-5171-2181-7

　　Ⅰ．①在… Ⅱ．①浩… Ⅲ.①成功心理－通俗读物
Ⅳ．①B848.4-49

中国版本图书馆CIP数据核字(2017)第007418号


**责任编辑：** 胡　　明
**封面设计：** 浩　　天


出版发行　**中国言实出版社**
　　地　　址：北京市朝阳区北苑路180号加利大厦5号楼105室
　　邮　　编：100101
　　编辑部：北京市海淀区北太平庄路甲1号
　　邮　　编：100088
　　电　　话：64924853（总编室）64924716（发行部）
　　网　　址：www.zgyscbs.cn
　　E-mail：yanshicbs@126.com
经　　销　新华书店
印　　刷　三河市天润建兴印务有限公司
版　　次　2017年2月第 1 版　　2017年2月第 1 次印刷
规　　格　787毫米×1092毫米　1/16　印张15
字　　数　200千字
定　　价　39.80元　　ISBN 978-7-5171-2181-7

# 前　言

　　什么是成功？成功是什么？每个人都想知道，也都想获得成功。

　　其实，成功的定义随便你怎么下，当你清楚成功是什么的时候，你就有了一个明确的目标要达成，当你可以预见你的目标，每天不断地改善你自己，让自己每天进步一点点，成功是迟早的事情。

　　我们每个人都心中有梦，有的人希望能过着高品质的人生，有的人则希望能改造这个社会，然而因为生活中的诸多挫折和日常琐碎，许多人的梦就此缩水，甚至再也提不起劲想去实现。各位可知道，当你没有了做梦的念头，就注定一辈子不会成为赢家。

过去这些年，我的人生就一直受着这些想法的引导：到底是什么因素决定了我们每个人不同的命运？为什么有的人虽在困难环境中却能开创出不凡的人生？又为什么有的人却在优越环境中毁掉自己的一生？是什么因素使得有些人成为后人的榜样或警惕？

为此我不时想，我得如何才能有效地掌握人生？我目前得怎么做才能开创前途并帮助他人？我得怎样用有效且愉快的方式去拓展知识、学习成长，并把心得与他人一同分享？在我很小的时候，便认为世上每一个人都是不同的个体，而在每个人的身上也都蕴藏着一份特殊的才能，那份才能有如一位熟睡的巨人，就等我们去唤醒他。我之所以有这样的看法，是因为相信上天绝不会亏待任何一个人，她给我们每个人无穷的机会去充分发挥所长。因而多年以前我就下定决心，要做出一番能够长存的事业，也就是说这个事业不会因为我的逝去而夭折。

今天我有幸能借着所著的书、录音带、录像带及所主持的研讨会、演讲会，得以把理念告诉成千上万的人，帮助他们克服各种心理障碍，过着快乐、成功的人生，对于这样的机会我十分珍惜。累积这些年的经验使我确信，在我们每个人的身上都藏有可以"立即"支取的能力，借着这个能力我们可以完全改变自己的人生，只要我们下定决心要有所改变，那么长久以来所作的美梦便可以实现。写这本书我只有一个心愿，那就是希望其中所阐述的观念及方法，能帮助各位产生具体、持久的改变。

在奋斗中蜕变

为此我希望各位能好好地阅读这本书，尽量把其中所教的用在自己的生活之中，而不是把它当成一些死知识，看完便将本书束之高阁。根据统计，买一本书而能看完其中第一章的读者往往不到一成，想想看，这是多大的浪费呢！请你不要小看本书，它能帮助你充分发挥潜能，在人生中做出不凡的成就。

# 目 录

## 第一章
## 成功始于信念

# 第二章
# 没有什么做不到

# 第三章
# 始终相信自己

在奋斗中蜕变

# 第四章
# 你为什么会成功

# 第五章
# 成功有规律可循

目

录

# 第六章
## 成功其实很简单

# 第七章
## 志在成功，才能成功

在奋斗中蜕变

# 第一章
# 成功始于信念

死脑筋的人相信命运，活脑筋的人则相信机会。

——[英]迪斯雷利

## 信念创造奇迹

怀有信念的人是十分伟大的。他们遇到任何事情从来都不畏缩，同时也不会感到恐惧，最多也就是稍感不安，到最后也都能自我超越。他们健壮而充满活力，能解决任何问题，凡事全力以赴，最终成为伟大的胜利者。他们都有一个神奇的人生座右铭——那就是信念。

有一些人能够超越飘浮的思想，进入有目标、有指向的思想，并在周密地想过之后，创造奇迹。

安东尼曾经说过："影响结果最大的是信念。信念不断地把讯息传给大脑和神经系统，造成期望的结果。所以，如果你相信会成功，信念就会鼓舞你达成；如果你相信会失败，信念也会上你经历失败。再一次提醒你，不论你说能或不能，你都算对。"

那么，一个人如何建立信念之道呢？经过我们的研究得出，一个人建立信念主要有以下五种：

第一种：信念是一种有意识的选择，一定要选择能引导你成功的信念；

第二种：借由偶发事件建立信念；

第三种：通过学习知识建立信念；

第四种：从过去成功经验中学习信念；

第五种：在内心建立一个经验，假想愿望已经实现。

关于这五种方法的应用，我们现在来看一个事例。斐塞司博士悠闲地站在窗前。他似乎在凝望着什么，思考着什么。但是从神态看，又好像什么也没有思考，就是工作之后漫无目的地遐想，即所谓神游。

四周静悄悄的，阳光从天空直射下来，照射在窗前的空地上。一只母猫躺在阳光下，它懒懒的，舒展的姿态与四周的宁静是那样的吻合。

太阳在人们不知不觉之中悄悄移动，树荫渐渐拉长，渐渐挡住了母猫身上的阳光。当身上的阳光被摭住，母猫醒来了。它站起来，弓一下腰，不紧不慢地走到阳光的地方躺下，重新打盹。

树影继续移动，猫身上的阳光又失去了。这只猫又站起来，重新走到阳光下。这一切，是那么自然而然，仿佛一切都事先安排好了，又好像母猫接到阳光的通知似的。

这一景象唤起了斐塞司博士的好奇。究竟是什么引得这只猫待在阳光下？是光与热？对，是光与热。那么，如果光与热对猫有益，那对人呢？为什么不会对人有益？

这个思想在脑子里一闪。

这个一闪的思想，后来成了闻名于世的日光疗法的引发点。

如果我们窗前也有这么一只睡懒觉的猫，我们也看到它一次一次向阳光趋近，会想起什么呢？或许想，这只猫怎么还不生小猫？或许想，它倒是很会享受，你瞧，那姿态有多舒坦！或许想，现在的猫不捉老鼠了？给主人养懒了……或许什么也没有想。

在睡懒觉的猫面前的泛泛一想，其方位与层次竟是这样不同。

斐塞司由猫对光和热的追寻，进而想到光与热对人的益处，再与人类的健康联系在一起。我们呢？只是随便想想而已。

所有的人都会想，人的想大致有两种，一种是有思索的目标、有明确的指向，能得出明确结论的想；另一种是漫无目标，不着边际的，即所谓飘浮的想。许许多多人几乎永远停留于飘浮的想，没有有指向、有目标地深透地想过什么。所以终其一生毫无成就。有的人在许多时候能超越飘浮的想，进入有目标，有指向的想，并在周密地想过之后，创造奇迹。心理学家说，95%的人总是停留于飘浮的想，只有5%的人能够进入有目标、有指向的想，所以能够取得成就的不超过5%。斐塞司医学博士、诺贝尔奖获得者观看一只睡懒觉的猫所想的，使我们获得了很大的教益和启发。

我一直坚信，决定我们人生的关键不在于所遭逢的环境，而在于我们决定要如何去面对。你我都会听说过一些人的故事，他们无视所处的逆境，坚持所作的决定一心向前，结果让困顿的人生开出璀璨的花朵，他们努力奋斗的事迹成为后人学习的榜样。

如果我们有心，也都可以成为他们当中的一员，然而要怎么去做呢？很简单，那就是今天就下定决心，到底在未来的十年里或今后的日子里要成为什么样的一个人。

如果你不打算做这样的决定也没关系，事实上你已经作了决定，就是甘心把自己的人生交给环境，任由它来主宰。我整个人生的改变就在那一天的决定，当时我下定决心不再浑浑噩噩度日，而要作自己人生的主人，过我所企望的未来。那天所作的决定看来简单，可是却

第一章　成功始于信念

是我一生最重要的一个决定。

当你作出决定后可别把它看成儿戏，而要全力去达成才行，同时还得决定打算成为什么样的人。你得为自己制订更上一层楼的标准和对自己的期许，同时还得坚持毅力去达成这样的标准，否则将永远得不到所企望的人生。

遗憾的是大多数人从不这么做，反而光是给自己找借口，不是家境不好、没有背景，便是学历不足、没有机会，甚至于怪罪到自己的年纪太老或太小。这些借口其实都不是理由，它只会限制个人能力的发挥，甚而会毁掉你的一生。

果断地作出决定，可以使你不再为自己找借口，在很短的时间里让自己彻头彻尾地改变，不管是家庭、事业、心态、健康、收入乃至人际关系。我们可以说"决定"乃是一切改变的动力，它可以改变一个人、一个家、一个国家和整个世界。

我经常听到有些人抱怨他们的工作，当我问起为何还要去上班，他们的答案差不多全是千篇一律："我不能不去工作。"

难道这些人真是如此无奈吗？事实上他们没有这个必要，不必每天一成不变地去上班，不必十年如一日地做相同的事，只要他们敢于今天下个决定，从此要重新生活，不再像以前那样便可以了。同样地，此刻你也可以作个新的决定，只要你真心想这么做，那么就没有什么事能够难倒你。如果你不喜欢目前的工作，换掉它；如果不喜欢目前的个性，改变它；如果不喜欢目前的体能状况，锻炼它。只要你对自己任何方面不满意的话，都可以改变它，不过先得做出决定，这

样人生才能改变。

　　我写这本书的用意就在于告诉各位认清"决定"的巨大力量，进而在人生中发挥无限的潜能，过着生龙活虎、快乐丰富的日子。

第一章　成功始于信念

## 信念改变态度

作家欧·亨利的著名作品《最后一片叶子》描述了这样一个故事：

有个病人已经病入膏肓，她躺在床上，绝望地看着窗外的一棵树，树上的树叶都被秋风扫光了，但她突然发现，在那树上，居然还有一片葱绿的树叶没有落。于是她想等到这片树叶落的时候，就结束自己的生命。但是直到她身体完全恢复了健康，那树叶依然碧如翡翠。

其实，树上并没有树叶，而是一位画家画上去的，它不是真树叶，但它达到了真树叶生动真实的效果——给了病人希望和信念，也给了他重生的机会。

在病人的病痊愈后，她在一次不经意的情况下来到了那棵树下，刹那间，她站在树下，眼泪顺着脸颊流了下来，她被画家的用心感动了。

到此时，她才明白，这不是现实生活中的树叶，而是因为画家了解她内心秘密，才画了这片叶子。现在她深深地知道：画家是唯一了解她的人，画家知道她在等待树叶全部掉落之后，再悄然地终结自己的生命。画家为了不让她失去生活的勇气，才精心思设计了这么一片假树叶。也就是这片树叶，才使她具有了活下去的勇气。

只要那片树叶不落，我们的生命就不会消亡。真正有生命力的并不是那片树叶，而是人的信念。要让生命的树叶永不凋零，首先就要

让我们心中的叶子永不凋零，那就是抓住信念这一命运的缰绳。

信念是驱使命运的缰绳。戴尔·卡耐基说："信念犹如闪电，当阴云蔽日之时，指给你奔向光明的前程；信念好比葛藤，当你向险峰攀登时，引你拾级而上；信念就像金钥匙，当你置身生活的迷宫，助你撷取人生的桂冠。"

信念，是成功的基石。巴甫洛夫曾宣称："如果我坚持什么，就是用炮也不能打倒我。"高尔基指出："只有满怀信念的人，才能在任何地方都把信念沉浸在生活中并实现自己的意志。"

信念往往真的会带来我们所想的东西，一个没有信念的人，不管他的天赋怎样好，不管他的实际条件如何优秀，他都难以成功。

一个人要想在自己的人生中留下浓墨重彩的"章节"，信念是不可缺少的一环。信念指引你走向成功。说起信念，其实并不深奥，就是相信自己，相信胜利，相信自己所确定的目标。

美国前总统里根说："创业者若抱着无比坚定的信念，就可以缔造一个美好的未来。"

美国成功学家拿破仑·希尔说："有方向感的信念，令我们每一个意念都充满力量。"

信念，人生中可贵的宝藏，拥有它，便意味着你拥有了成功。

从前，纽约的教会兴办了一场邀请非圣职人员演讲的集会。戴尔·卡耐基被邀来做演讲。卡耐基是畅销书《影响力的本质》一书的作者，也是一个出色的演说家。可是在这次的演讲中，他曾一度因为过于激动而说不出话来。他向人们讲述了他的童年，那个对他来说不

第一章　成功始于信念

堪回首的童年。在这里他提到信念的力量，他说："即使在极度困窘的境况下，我的母亲也不曾动摇过自己的信念。她不断哼唱着古老的圣诗《和耶稣做朋友》，在窄小的屋子里忙碌地工作。母亲经常安详地告诉父亲和我们，上帝会赐给我们食物，这使我们宽心不少。我从来没有空着肚子睡觉的记忆。也许是母亲坚强的信念传递到了上帝那儿，非常奇怪，也可以说是奇迹般的，我们总能获得必要的东西。"因为信念，他们渡过了艰难困苦的日子，也使得他懂得了生活的不易。

美国著名的解剖学、心理学教授威廉·詹姆斯在人性与成功方面的广博知识堪与爱默生匹敌，人们都把他称为心灵与肉体两方面的专家。他对信念的论述深深地影响了很多人，他说："只要怀着信念去做你不知能否成功的事业，无论从事的事业多么冒险，你都一定能够获得成功。"在威廉·詹姆斯看来，能保证人们成功的关键因素不是知识，也不是机遇，更不是经验和金钱，而是信念。一个人只有对事业怀有信念，相信自己，才是获得成功不可或缺的前提。他说："当然其他因素也非常重要，但最基本的条件，是激励自己达到所希望的目标的积极态度。"

威廉·詹姆斯还指出，怀有坚定信念的人是了不起的。一个人不要畏惧人生，要相信人生是有价值的，这样才会拥有值得我们活下去的人生。那些成功的人往往是遇事不畏缩也不恐惧的勇士，他们在遇到困难时，总能以坚强的信念度过难关。就是稍感不安，最后也都能自我超越。他们永远带着一定能够解决的自信去面对。他们都有一个神奇的座右铭，那就是"信念"。

在奋斗中蜕变

因此，可以这样总结：

有什么样的信念，就有什么样的态度；

有什么样的态度，就有什么样的行为；

有什么样的行为，就有什么样的结果。

因此，要想结果变得更好，先让行为变得更好；

要想行为变得更好，先让态度变得更好；

要想态度变得更好，先让信念变得更好。

信念是成就一切的起点。

第一章 成功始于信念

## 激发你的信念

　　信念是帮助你走向成功的关键因素。一个没有必胜信念的人，根本不可能全力以赴！一直看不到胜利的团队，也根本不可能获胜。所以说，无论是对个人、军队或是企业，都应该极力营造一种"必胜文化"。这样的文化能激励士气，激发信心，能营造一种必胜的信念，让组织直达成功的彼岸。

　　中国保险界第一位由个人营销员晋升高级经理人的于文博，从零开始，由一名试用营销员，历经7年的打拼，做到了泰康人寿总公司营销部总经理的职位。谈起奋斗的历程，他感慨地说："追求外在的东西很苦，也很艰难，需要由内而外地铸造灵魂。其实生活中的一切都在成就着我们——那些拒绝、挫折、苦难就像砺石一样；剑将愈锋，镜将更明。"在他的记忆中最深刻的一位客户，他先后拜访了42次，听了41次的"不"，他没有放弃，精诚所至，金石为开，最后那位客户笑着说："好吧！"于文博回忆那一刻的"花开"，感到莫大的庆幸，不是因为他签下了这份保单，而是感谢生活教他"再坚持一下"这个伟大的信念终于结出喜人的硕果。

　　所以说，坚定的信念和富于希望的心灵是走向成功、创造奇迹的基石，成功者都具有这样的心灵，因为他们相信举步维艰后的峰回路转，相信混沌迷惑后的灿然乾坤，相信山穷水尽后定会柳暗花明的那

在奋斗中蜕变

份意境。

也有心理学家说："人的行为受信念支配，你想要做出什么样的成绩，关键在于你的信念。"所谓信就是"人言"，人说的话；所谓"念"就是"今天的心"。两个字合起来就是今天我在心里对自己说的话。若一个人在心里老是不停地埋怨自己这样不行，那样也不行，很难想象，他会在今后的人生中做出怎样的成绩；相反，若一个人在心底深处总是不停地鼓励自己，我能行！那他在人生中获得成功的机会就很大。人只有相信自己，才能成功。你认定自己失败，你就注定要失败！你坚定自己是哪一种人，你就会成为哪一种人。无论什么事，如果你反复地确认，总有一天会变成现实。信念使他们不受他人督促监管，而能自节自律；信念使他们充满活力，懂得更好地发展自己。他们矢志不渝，无所畏惧，所以他们处处都会成功。

在公司中拥有信念的员工，生活才更加充实，生命才更加绚烂。信念好比航标灯射出的明亮的光芒，在朦胧浩瀚的职业海洋中，牵引着人们走向辉煌。信念来自精神和成功，又对成功起着极大的推动作用。信念可以排除恐惧、不安等消极因素的干扰，使人在积极肯定的心理支配下，产生力量，这种力量能推动人们去思考、去创造、去行动，从而完成他们的使命，实现他们的心愿。

要想成功，必须走出自己的路来，老跟在别人屁股后边学，充其量只会落下"模仿者"之名。其实，成功者都是充满自信和个性的，没有自信与个性，成功几乎与你无缘。跟着别人跑，跟着别人学，可能会获得一点成功，但不能获得大的成功。因此，要根据自己的个

性，充满自信地去设计一条成功的路线和方法，才能真正成为成功者。

面对充满诱惑和多变的世界，面对许多不确定的因素，有信念的人，能坚守自己的理想和目标而不动摇，从而按自己的心愿，以自己的方式走向成功和卓越。信念产生信心，信心可以感染别人，一方面激发别人对他的信心。这样，就容易赢得上司的好感，具有良好的人缘。而人缘好，机会就多，这样成功就会变得更加容易。

有方向感的信心，令西点学员都充满了力量。他们抱着无比坚定的信念，就可以缔造一个美好的未来。所以，要想让自己过得更好、生活得有意义，那就要像西点学员那样将信念之旗高高举起。

在《圣经》中有这样一个故事：一艘小渔船轻轻地荡入平静如镜的革尼撒勒湖。这时，太阳已经下山，天边仍然残留着一片晚霞。霞光洒满湖面，一片波光粼粼，景色真是美极了。这艘小船要渡到湖的对岸去。那么，船上有些什么人呢？

多年来，这些人一直在革尼撒勒湖上以打鱼为生。所以他们对湖四周的情况了如指掌。他们也曾经在暴风骤雨中航行，与大风大浪搏斗过。对这些经验丰富的渔夫来讲，在湖上航行就好比在陆地上走路一样自在。

耶稣的门徒们悠闲地坐在小船上，一边欣赏美丽的景色，一边轻声聊着天。在船的尾部躺着一个熟睡的人，他就是耶稣。耶稣肯定是累坏了。他在迦百农城度过漫长而又疲劳的一天。这一天，耶稣连续不断地向人群讲道，给病人治病，没有丝毫休息的时间。现在总算可

在奋斗中蜕变

以好好休息一下了。因为耶稣也是人，也需要休息。

小船静静地向前航行着。可是没过多久，天气突然起了变化。天上的霞光早已消失，取而代之的是一团又一团浓密的乌云。湖面上开始刮起大风，原本平静的湖水开始剧烈地翻腾起来。起先，耶稣的门徒对这突然的变化并不在意，他们经历过的风浪多了。他们用有力的膀臂沉着地把住舵，继续航行。

小船在风浪中颠簸着向前行进。乌云越来越密，整个天空看不见半点星星或月亮的亮光。湖面上一片漆黑，伸手不见五指。风也越刮越猛，刮在桅杆的缆绳上，发出阵阵刺耳的呼啸声，湖水也越来越汹涌，波浪猛烈地拍击着船舷，似乎不把小船拍个粉身碎骨绝不罢休似的。面对这个情况，耶稣的门徒们开始有些招架不住了。因为这么恶劣的天气和巨大的风浪，是他们以前没有遇见过的。他们都忍不住把目光投向在船尾熟睡的耶稣，心中暗暗希望耶稣能马上醒来，帮助他们渡过这个难关。可是耶稣仍然在船尾沉睡不醒。

这该怎么办呢？情况变得越来越糟。湖水不断地打进船内，小船随时都有沉没的危险。门徒们沉不住气了。他们惊慌失措地冲着耶稣大声喊叫，说："主啊！快快救我们吧！我们快要没命了！"

听到门徒们的求救声，耶稣醒了过来。那么眼前的大风巨浪，是否吓倒了耶稣呢？他是否像门徒一样惊慌失措呢？没有！只听耶稣用十分镇静的口气对门徒说："你们这些胆小的人哪！为什么害怕呢？"接着，耶稣站起身来，斥责风浪说："住了吧！静了吧！"顿时，湖面上的风浪消失得无影无踪，湖水恢复了原有的平静。

耶稣的门徒们看到眼前这种景象，吃惊得一动都不敢动，《圣经》说："他们就大大地惧怕。"这些门徒为什么惧怕呢？他们不是看见过耶稣行许多的神迹吗？是的，他们的确见过耶稣行许多的神迹，但是他们以为耶稣只能医病赶鬼，完全没有想到耶稣还有征服自然界的能力。过了好一会儿，门徒们惊叹地互问："他到底是谁？连风和海都听从他。"

小船在恢复了平静的湖面上继续航行，好像刚才什么事也没发生过，然而，耶稣的门徒们对这一晚的航行经历却是终生难忘。

耶稣的门徒们从耶稣平静风浪这件事，学习到人生中最重要的功课。同样地，我们也可以从这个故事中学习到人生最重要的功课。我们都会在人生的航程中遭遇风暴。这里讲的风暴指的是人生中各样的艰难险阻。人的一生就像一艘小船在茫茫大海中航行，免不了会遇到困难和打击。只要我们信心十足，就能战胜一切艰难险阻。

一件发生在美国内战期间的奇特的故事，也可以说明信念和信心的魔力。

信心疗法的创造人玛丽·贝克·艾迪，当时认为生命中只有疾病、愁苦和不幸。她的前任丈夫在婚后不久就去世，第二任丈夫又抛弃了她。她只有一个儿子，却由于贫病交加，不得不在他4岁那年就把他送走了。她不知道儿子的下落，此后31年之久，都没有再见到他。

因为自己的健康状况不好，她一直对所谓的"信心治疗法"极感兴趣。可是她生命中戏剧化的转折点，却发生在麻省的理安市。一个很冷的日子，她在城里走路时突然摔倒在结冰的路面上，而且昏了过

在奋斗中蜕变

去。她的脊椎受到了伤害，她不停地痉挛，医生甚至认为她活不久。医生还说，即使奇迹出现而使她活命的话，她也绝对无法再行走了。

她忽然产生了一种力量，一种信仰，一种能够医治她的力量，使她"立刻下了床，开始行走"。

"这种经验，"艾迪太太说，"就像给予牛顿灵感的那个苹果一样，使我发现自己怎样地好了起来，以及怎样地也能使别人做到这一点……我可以很有信心地说：一切的原因就在你的思想，而一切的影响力都是心理现象。"

最可怕的敌人，就是没有坚强的信念。在荆棘道路上，唯有信念和忍耐能开辟出康庄大道。只要改变自己的信念，就能改变自己的生活。

## 坚定你的信念

信念有时能够创造奇迹，它可以使许多匪夷所思的事情变成现实。张其金在他的《情感心理学之心境》一书中写道：

在我出生之前的，我的信念沉睡在母亲的心中，给予她理想、爱和付出，使我的家庭变成了一个力量与美的所在。

在我幼年的快乐时光里，我把我的信仰推上了一个高坡，在那个高坡上，我看到了比它还高的山峰，心中涌现出一种勇于攀登的信心。

信念使我的童年时光更加的丰富，它赋予了我快乐，告诉了我生命的神圣意义。信念所教给我的一切都融入了我的生活。

如果有些时候忘记了自己的信念，被一些虚假和卑鄙的想法所吸引，我的信念就会及时地对我进行批评，把我拉回智慧的道路上来。

在压抑而又迷茫的青年时代，生活混乱、前途未卜，我不知道自己的目标是什么，我的信仰在得知了这一切之后，把我的眼界引向了深邃而又灿烂的星空，鼓舞了我前行的脚步。

当我的心灵第一次认识到神奇而又甜美的爱情时，我的信仰告诉我要去磨炼自己的情感。它使我的婚姻变得神圣，保佑着我的家庭。

当我的心灵被悲伤所笼罩，好似乌云遮住太阳的时候，我的信仰走到我的身边，向我轻诉充满希望、欢快而又没有眼泪的明天。

当我的生命即将走向人生的旅程的时候，我的信念又把我带入了另一个人生境界，在那一个世界里，我终于可以彻底地净化我的灵魂。

当我前进的脚步变得蹒跚并且了解了罪恶的苦涩时，我的信仰则一直鼓励我，把我拉回高尚的道路。

最后，当死神走到我身边的时候，我的信仰会指引我前行的道路，揭开世界神秘的面纱。

当我重新复活的时候，我要把你视野所及的世界展示给你。我要练就一双透视般的眼睛，能透过疾病看到健康，透过失败看到成功，透过贫穷看到富裕。

坚信自己能成功的人才能成为成功者。建立在真理之上的成功会很持久；如若不然，它就会如流沙一般被冲刷干净，归于虚无。

唯有神圣的观点才能持久。邪恶是不符合历史潮流的，因此最终会被自己打败，逆潮流而行的生活是艰难的。

"聪明的人会拿上灯和油，愚蠢的只拿灯却不拿油。"

灯代表人的潜意识，油则是可以带来光明的理解力。

"在等候新郎的时候，所有女孩都打盹或睡觉了。新郎来到的午夜时分，所有的女孩都急着站起来，想点亮手中的灯去见他，这时传来一阵哭声，愚蠢的女孩对聪明的女孩说：'我的灯油烧没了，请给我一点灯油吧。'"

智慧和理解力就是意识的灯油，而愚蠢的人是缺乏"灯油"的，因此当他们遇到问题的时候，没有解决的办法。

当他们对聪明的人说"给我一点灯油"的时候，聪明者回答她：

"不行，灯油只够一个人用，你自己去买吧。"

这句话告诉我们，愚蠢女孩最终未能得到她们意识之中所感受到的。如果你做准备是为了自己的恐惧和不希望得到的东西，那么最后这些事物会降临在你的头上。大卫说："我害怕的东西来到了我的身边。"人们总是说："为了防止生病，我必须准备一些钱。"或是"我省钱以防不测"。在潜意识里，他们就在准备生病和不测，而不测的事也会随之而来。

每个人都是富有的——这是圣哲的希望。你的谷仓应该是装满的，你的酒杯也应被斟满，前提是，我们要会正确地提出要求。

我们每天都处在选择智慧还是选择愚蠢的处境中，你坚持自己的信仰了吗？为好运作准备了吗？带上"灯油"了吗？是否屈服于自己的疑虑和恐惧之下？

"新郎来了，愚蠢的女孩才去买灯油。那些有准备的女孩走了进去，与他成婚。幸福的大门很快关上了，愚蠢的女孩买完灯油回来在门口大唱，'上帝，请把门打开。'但上帝却告诉她，'坦白说这不可能'。"

可能你会觉得上帝对这些没有带灯油的女孩的惩罚在过于严厉了，但这就是我们所讨论的轮回法则。

人们经常因它联想到世界末日，也就是"审判日"。"审判日"在数字"七"中来临——可能七分钟、七小时、七天、七周、七个月或者七年。假如你没有信仰，没带上灯油，违反了精神法则就要付出代价，你必须偿还因果循环之债。

在奋斗中蜕变

每天都要审视一下自己的意识正在期待着什么，如果你恐惧贫穷，你就一定会贫穷。凭借智慧花光所有的钱，是为能得到更多的钱打开道路。

在《语言是你的魔法杖》一书中，提到了"聚宝盆"。阿拉伯故事《一千零一夜》中有一个关于"聚宝盆"的故事。把钱从里面取出，它随之又会充满钱财。

所以我这样说："我的财富来自信念，我拥有神圣的聚宝盆，它永不枯竭，因为钱被取出，更多的钱就会出现。富足总会以最完美的方式体现。"这会给思想带来清晰的画面：你正无限接近富足的源泉。

一位生活窘迫的女士，每当付账或看到存款减少时就会不安。但她随后领悟到了："我拥有神圣的聚宝盆，它永不枯竭，因为钱被取出，更多的钱会出现。"她镇定地付账，不久竟得到了几笔意外之财。

"认清后再祈求以免你求到的是灾祸而不是富足。"

有一位女士，她总是随身带着黑纱，以便可能出席葬礼。我对她说："你是在诅咒亲友吗？你想让他们快点死去，然后你就能使用黑纱了是吧。"听到后她马上把黑纱扔掉了。

一位穷困的母亲决定送两个女儿上大学，她丈夫嘲讽道："谁交学费呢？我可是没钱。"她答道："我确定我们会有好运。"她继续准备着女儿上大学的事宜。丈夫取笑她，并对朋友说妻子打算靠"未知的好运"供女儿上学。然而一位富裕的亲友突然给了她一大笔钱，"未知的好运真的到了。"我问她收到钱时怎么对丈夫说的，她平静

地说："我从来都向他说我是完全正确的，也没有用此打击过他。"

所以，为你"未知的好运"准备吧。让每一个想法每一种行为都体现出你坚定的信念。

在奋斗中蜕变

## 有信念就年轻

有时候，你可能会听到这样的话："光是像阿里巴巴那样喊：'芝麻，开门'，就想使山真的移开，那是根本不可能的。"说这话的人把"信心"和"想象"等同起来了。不错，你无法用"想象"来移动一座山，也无法靠"想象"实现你的目标，但是只要有信心，你就能移动一座山。只要相信你能成功，你就会赢得成功。

罗宾指出：关于信心的威力，并没有什么神奇或神秘可言。信心起作用的过程是这样的：相信"我确实能做到"的态度，产生了能力、技巧与精力这些必备条件，每当你相信"我能做到"时，自然就会想出"如何去做"的方法。

全国各地每年都有不少年轻人开始新的工作，他们都"希望"能登上最高阶层，享受随之而来的成功果实。但是他们绝大多数都不具备必要的信心与决心，因此他们无法达到顶点。也因为他们相信自己达不到，因此找不到登上巅峰的途径，他们的作为也一直停留在一般人的水准。

但是还是有少部分人真的相信他们总有一天会成功。他们抱着"我就要登上巅峰"（这并不是不可能的）的积极态度来进行各项工作。这批年轻人仔细研究高级经理人员的各种作为，学习那些成功者分析问题和做出决定的方式，并且留意他们如何应对进退。最后，他

们终于凭着坚强的信心达到了目标。

人生的法则就是信念的法则。那些你所接受的理性法则和你认为正确的信条都被你实现了吗？了解印在你潜意识里的一切，它们以后将会从你的经验之中显现出来。请你学习去相信自身潜在意识的功能，然后沉思一下，你心底真实的感受是否全面地支配着你的人生。

希尔指出：你可以有选择地学习、训练和吸收一些技巧，然后再去运用它们。你可以极大地提高你的魅力，并最终梦想成真，即成为一个自信而敏感、生机勃勃而又气势不凡的人。

乔治绝不会忘记"用四个手指代替五个手指"的信条。这对他说来意味着希望。每当他由于生理的障碍而感到沮丧的时候，他就用这个信条作为自己的座右铭，激励自己。这成了他自我暗示的一种形式，在需要的时候，它会从下意识心理闪现到有意识心理。

他发觉母亲是对的。如果他能应用他所有的四种感觉，他的确是能抓住完美的生活。

但是乔治的故事并未到此结束。在这个孩子读高中低年级期间，他病了，进了医院。当乔治逐渐康复的时候，他父亲给他带来一个喜讯：科学已经发明了先天性白内障的疗法。当然，这种疗法有失败的可能，但成功的可能性大大超过了失败的可能性。

乔治渴望能看见，他愿为获得视觉而冒失败的危险。

在以后的六个月期间，医师给乔治作了四次精心的外科手术。每只眼睛各做了两次手术。乔治的眼睛蒙着绷带，他在阴暗的病房里躺了好些日子。

终于，揭开绷带的日子到来了。医生慢慢地、小心地解去缠绕乔治头部和盖住乔治眼睛的纱布。他躺在那儿思潮澎湃！过了好一会儿，他听到医师在他的床边走动，什么东西放到了他的眼睛上。"现在你能看得见东西吗？"医师问道。乔治从枕头上稍稍抬起头，觉得眼前模糊地出现了一个有色彩的形象。"乔治！"一个声音说。他熟悉这种声音，这是他母亲的声音。乔治·康贝尔在他18年的生命中第一次看见了母亲。她有着疲倦的眼睛、起了皱纹的脸、粗糙的手。但是，在乔治看来，她是最美丽的。

对他说来，母亲就是天使。乔治所看到的是多年的辛劳和忍耐，多年的教导和计划，多年为了要使他的眼睛明亮而表现出挚爱和母性。直到今日，他还珍惜他第一次所见到的景象：见到他母亲的情景。他从这第一次的视觉经历中就学会了珍惜他的视觉。他说："我们没有一个人理解到视力的奇迹，如果没有视力我们的生活会多么困难。"

人的潜意识对自卑感、恐惧感、勇气、信念等反应极为敏感，可是对建设性思想及破坏性思想却往往区分不出。所以自我暗示因其使用方式的不同，有时会使人类到达更幸福、更繁荣的境界，有时也会将人类推向绝望的深渊。一个被惊恐、疑惧、自卑所缠绕的人，往往是由于自我暗示的作用，结果使他一生困窘。

帆船利用帆来决定前进的方向，人生也是经由你的思想来决定幸福或不幸。

这首诗十足表现了自我暗示的卓越功能：

你想你会输，你便会输

你想你已无救，你便无救

你想你也许不会胜利，你便不会胜利

你想你将失败，你便失败

看看这个社会吧，成功永远属于将愿望坚持到底的人

你想必定胜利，你便胜利

你想奋发，你想向上，你便成为奋发向上的人

努力吧，重新站起

强有力的人不一定胜利，感觉灵活的人也不一定成功，坚信我能够，胜利便非你莫属！

这首诗里最重要的一句话是什么？请再看一回，再找一遍吧！然后也请将它的意义深深铭记在心里。

相同的道理，卡耐基在自己的办公桌上挂了一块牌子，上面写着：

你有信仰就年轻，

疑惑就年老；

有自信就年轻，

畏惧就衰老；

有希望就年轻，

绝望就年老；

岁月使你皮肤起皱，

但是失去了热忱，就损伤了灵魂。

在奋斗中蜕变

## 命运取决于信念

"你的命运取决于你的信念"，我们都知道，信念就是期望！

换句话说，你所期望什么，你的命运就是什么。因此我想知道，你在期望什么？

一些人会说"我们期望最坏的事发生"，或者"最坏的事将降临在你的头上"。这样期待的后果正是把最坏的事情引到自己的身上来。

另一些人说："我期望变得更好"。于是，更好的生活状态就会被引入到自己的生活。

要改变自己的生活状态就要改变自己的期望。

你怎样才能改变自己的期望呢？也许你已经习惯了期待贫穷与失败。

改变自己的行为，为了自己的好运做准备，让你的行为看起来像期望成功与富有一样。

积极的信念会在意识上留下烙印，做点事情以显示你正在期待好运的来临吧！

如果你希望拥有一个家，快去准备吧，买一些装饰品和桌布之类的家庭必需品。就像你现在就已经拥有了家一样。

我认识的一个女人，她拥有强烈的信念想得到生意。她买了把

大号的扶手椅子，那椅子大而舒适，这是她为某个即将到来的人准备的，果然那个人真的来了。

如果你没有钱去购买装饰品和椅子，那该怎么办呢？那你就是站在商店的橱窗外面，用思想把自己和这些东西联系起来。

有人会说："正是因为我没钱，所以我从不去商店。"你错了，这才是你要去商店的原因，你必须得和你期望的东西交朋友。

"你与自己关注的东西是有联系的"。有个女人想得到一枚戒指，于是身无分文地来到商店试戒指。在试戒指的同时，她也因此而有了一种拥有感。很快她就收到了朋友送给她的一枚戒指。

只要你拒绝暗示自己："我很穷，这些东西不适合我。"这些东西不久就会出现在你身边，因此，保持对美丽事物的关注，你就能与这些事物建立起一种潜移默化的联系。

在我的《向幸福前进》出版后，一位读者来信说：在你结束有关精神治疗的题目之前，我还要提一下荣格博士，他是最伟大的心理学家之一，他的理论值得我们记忆和思考。

他告诉我们，在过去的30年里，来自各种阶层的人都曾经到他那里就诊，他给数以千百计的人看过病，这些人在神经和心理上都有一些问题。

在他那些已过中年的病人当中，很多人的问题都来自于宗教。

他很肯定地说，这些人之所以生病，是因为他们失去了在自己时代生活的宗教，如果他们不能重新找回这种宗教，他们的病就不会好。

他的这些话对我的印象很深，给这个本已恐惧的世界加入了一些阳光。除非我们能够重拾精神上的信仰，否则，我们就没有希望了。

"信仰与填饱肚子有一定的关系"，乔治·艾略特作品中的女主人公如是说。不但与填饱肚子有关，与整个身体甚至与整个精神上的健康都有关系。

这位读者的理解是准确的。很多人都想过一种健康快乐的生活，可他们却从不去考虑信仰或者生活的意义等问题。如果这样，他们肯定不会过上健康快乐的生活。

生命是一个宏大、丰富而又复杂的东西，但是，无意义的生命是鄙俗而无聊的，这样的生命无法履行高尚的责任。健康因素很重要，但是精神上的因素同样重要。

想要过一种健康的生活，我们必须有自己的信仰和哲学，并且要全身心地投入生活。

## 坚守自我的信念

英国萧伯纳曾经说过："一个人的信仰或许可以被查明，但不是从他的信条中，而是从他的习惯行为所遵循的原则中。"歌德也曾经说过："谁要是游戏人生，他就将一事无成；谁不能主宰自己，就永远是一个奴隶。"在我们寻找自我的过程中，坚守自己的信念对自我的重生有着重要的意义！在人生的大起大落，欢喜悲痛中，我们唯有坚守自己的信念，才能更加真实地生活在这个世界上，更加清晰地听到自己内心的呼唤，更加完整地做一个真正的自己！

胡小梅一直想爬上珠穆朗玛峰，但没有成功。她认为珠穆朗玛峰耸立在那里就是要人去爬的，困难是对人精神的挑战者。这种思想就是她的信念。

有一种肺炎难以治愈。严重肺结核还没有找到相应的治疗方法。大风子油对麻风病还没有很好的治疗。虽然我们进行了各种各样的研究，癌症对于我们来说仍然是一个谜。

这些困难能够逾越吗？胡小梅们认为他们能够解决这些困难。这就是信念。没有人能够证明它，也没有人能够提出反证。如果失去了这种信仰，药物也会显得无济于事。

我们能够消灭战争吗？人类的本性是接受民主还是接受独裁者的鞭子？我们能在这个世界上建立一种公正、仁慈、快乐而又人性的社

会秩序吗？

虽然很多高尚的人士给了我们希望，但我们还是无法对其进行证明。虽然罪犯和堕落者证实了我们的恐惧，但我们还是无法证明。但我们必须相信，否则我们就没有任何希望了。事实上，我们确实也相信它。

那么，我们该怎么办呢？如果我们不能在信仰上赌一把，我们的人生哲学就会陷入单调的泥潭。

只有信仰才可以接受挑战，阔步前进，发现真理。对我们帮助最大的不是那些我们努力去相信的事情，而是那些我们情不自禁地去相信的事情。这些事情才真正造就了人类。

当然，要想信念变成现实，自身的努力和奋斗必不可少。但坚定的信念才会使人产生十足的动力，它就像人生旅途中的灯塔，为我们指引着前进的方向。自从电报发明以来，不断有人提出铺设跨越大西洋的电缆计划，但人们大都只当它是个梦想。而菲尔德对此却产生了坚定的信念，他对这个计划充满了信心，于是投入了全部的精力进行研究。研究并不顺利，菲尔德失败多次，并因此遭到了人们的嘲笑和指责。这时候，执着的信念支撑着菲尔德，他毫不灰心丧气，而在失败的经验上继续着自己的事业，终于在1866年取得了成功，世界历史因此而改变。

所以，我们要记住，最后能移山填海的，一定不是摇摆不定的信念。通过沉默和沉思，你心里充满了对真理的向往，坚信自己的信念永不改变。

要让法则发挥作用是需要行动的，因为没有行动的信仰等同于死亡。

我的一位朋友非常想去法国。他说："我感谢圣哲为我设计旅程，感谢他对我的完美资助。"他是没有什么钱的，但他深知准备法则的重要性。于是，他买了大箱子，这是一个超大的箱子，面积大而且有一条红带子绕在箱子中间。他每次看到这个箱子，都会提起他对旅行的渴望。有一天，他感到自己的房子在摇晃，像是船在航行，他立刻走到窗前去呼吸新鲜空气，似乎闻到了甲板传来的芳香，似乎听到船板移动和海鸥在叫的声音。不久之后，他得到了一笔钱足以开始旅行，终于可以用上大箱子，他旅游的欲望最终被激发。后来他告诉我，这次旅程的每一个细节都是完美的。

因此，我们要为自己的好运做准备。你的每个思想及行为都表现出坚定不移的信仰，每件事都是明确的观点。因为你的信仰，你用心准备的事情不是你的恐惧，使得有些事情能够发生。

因此，我们要充满智慧，带上灯油。当我们的期望值还不高的时候，就应该种下信仰的种子。

芭芭拉·安吉丽思在她的最新著作《活在当下》中记录了这样一个故事：

20世纪初，俄罗斯帝国境内一个小村落里，住着一个犹太小男孩。那时候，沙皇的军队——哥萨克人，正在各地对少数民族的犹太人进行大规模的迫害。每天市集上热闹时，全村的人都聚集在大广场上交易买卖，哥萨克人就会在这个时候，骑着高大剽悍的马来到市集

上，打翻犹太人的货物、商品，接着宣布沙皇限制犹太人自由的最新敕令，然后骑着马扬长而去。

小男孩和祖父的感情非常亲密，他的祖父正好是这个村子里的老教士。村子里的犹太人都相信，他们的教士和犹太人的祖先亚伯拉罕或摩西一样睿智。小男孩每天都会陪祖父从他们简朴的家散步到集市去。哥萨克骑兵总是挥鞭而至，掀起漫天尘土，宣读当天的敕令："今天起，任何犹太人购买马铃薯，一次不得超过五个。"或是："沙皇有令，所有犹太人必须将他们最好的牛立刻卖给国家。"

每天，同样的故事不断重演——老教士和其他人一起听着沙皇的敕令，然后他向那些哥萨克人挥舞着他的拐杖，大声叫道："我抗议！我抗议！"然后其中一个哥萨克人就会骑着马过来，用马鞭狠狠地抽向老教士，临走之前还要吼一声："闭嘴，你这老蠢货！"老教士挨不住鞭子，就会倒在地上，他的教徒们会冲过去扶他起来，帮他拍掉衣服上的泥土，然后他的小孙子再搀着他回家。

日复一日，月复一月，小男孩惊悚地看着这一幕再三重演。终于他再也忍不住了，有一天，他送满身乌青的祖父从集市回家时，小男孩鼓起了勇气问："亲爱的老教士，"小男孩的声音带着点微微的颤抖，"您明知道那些士兵一定会打您，为什么还要每天在他们面前抗议沙皇呢？您为什么不能保持沉默呢？"

老教士对孙子慈祥地笑道："因为明知是错的事情，如果我不大声抗议，我就会渐渐和他们一样了……"

是啊，只有坚守自己内心的信念，才不至于沉默在他人的声音和

世界中，不至于丢失了本来的自己。

　　生活就像一个大舞台，生活中的我们有没有真正地做一回自己呢？还是只是如舞台上的演员般在饰演一个"我"的角色？当个人的理想和家人的期望产生冲突的时候，你妥协了，"听妈妈的话吧！"当前进的道路上遇到挫折的时候，"放弃吧，别再坚持了！"当你害怕失去你当前幸福生活的时候，你变得惶惶然，不够坚持自己内心的想法……当所有这一切发生，你没有真正做自己的时候，你的内在和外在便发生了不和谐，发生了对立的抗拒，这种情况下，人是无法发挥出自己的最大能量的！

　　苏霍姆林斯基说："人类的精神与动物的本能区别在于，我们在繁衍后代的同时，在下一代身上留下自己的美、理想和对于崇高而美好的事物的信念。"一个拥有自我信念、坚守自我信念的人，才有着一份完整的灵魂，才能真正地活出自己！

　　小小的水滴撞向坚硬的岩石，明知可能粉身碎骨，却仍然义无反顾，是什么让它们不顾一切地奔涌向前？是水滴石穿的信念；小小的蜘蛛吐出细细的丝编织自己的网，中间遇到任何阻挠都不气馁，都要重新开始，是什么让它们如此坚持不懈？是它们坚信自己一定能够成功的信念——一定能够编织好自己的网；蜗牛背着重重的壳前行，即使沉重也从不放弃，因为那是自己的一部分！

　　生活中，我们很多人往往一味地服从别人，没有自己的意愿，即使有，也多少会带着一些恐惧！有些人在坚守意愿的过程中遇到一些反对的声音或是一些困难和阻挠，就放弃了！对这些人来说，他们心

理缺少一种持久的奋斗力，他们的生活也只能是平庸的！也许，这些人，直到生命的终结，都没有活出真正的自我！

马克斯韦尔·莫尔兹曾经说过："无论何时，只要可能，你都应'模仿'你自己，成为你自己。"坚守自己的信念，这是一步步发现自己，找到自己，进而成为自己的良好途径，也唯有如此，每个人才能有不断前进的力量！

## 不能失去信念

人不能没有信念，否则将一事无成。一个人做任何事都不是没有原因的，而其中最重要的一点就是我们要做的每一件事都是根据自己的信念去做，有意或无意地导向快乐或避开痛苦。如果你希望能够彻底改变自己旧有的习惯，那么就需从掌握行为的信念开始着手。

因为人的认知角度不同，所以我们会对同一事物做出不同的见解，对于信念，如果你积极地看待它，信念就会帮助你激发潜能，但是如果你消极地看待它，就可能也可以毁灭你的潜能。

信念可以算是我们人生的引导力量。当我们人生中发生任何事情时，脑海中便会浮现出一些印象，而这些印象便会指导我们的行为。信念就像指南针，为我们指出人生的方向，决定着我们人生的品质。

记得有一次，我在和《情感心理学之意境》的作者张其金聊天时，他说，无论先人们过去曾光芒万丈，还是悲哀惆怅，我们每年都要留出一天来缅怀他们，这种场面是多么壮丽难忘啊。对我来说，这样的节日如同诗歌一样。

今天，我们不仅想起了自己的亲属——他们如此的可爱、可怜和威严，而且还想起了所有沿着先人走过的道路继续前进的人。像我们一样，他们也是朝圣者，但每个人终有一死。我们已经忘记了他们的名字，将来我们的境遇也必定是如此。

然而，我们会想起他们，我们沉思，我们祈祷。世界各地在这一天的活动无论多么不同，但是任何一块文明的土地都不会忘记这一天是"逝者的节日"。

　　有谁能忘记巴黎在万圣节这天的场面？整个城市陷入悲伤哀痛之中，到处都是法国人喜爱的象征肃穆的绉纱。一半的街道空空如也，人们都聚集到拉西尔神父公墓参加集会。

　　各种信仰的人，甚至没有信仰的人都向那些"先人"致敬。动物的上一辈死了，下辈因为看不见它们，也就不会产生思念的感情，但是，崇拜死者却是最原始的宗教。

　　在世界大战期间，场面更为感人，这一点我们许多人都可以作证。许多年没有去朝圣的人又重操旧业。鲜花笼罩着每一名勇士。

　　每个人都留在了人们的记忆里——尽管已经过了几个世纪，并且生命以悲剧的形式结束，但人们仍然记得阿布拉尔和海洛薇斯地坟墓，因为他们的爱是永存的。几年来，我的心中还在吟唱着那首挽歌。

　　这样的活动是为了告诉你们一种信仰的意义，而不单纯是为了纪念死者。尽管未来还不可知，命运已由天定，但是我们的信仰永远是："生活曾经是死亡的主人，爱永远不会失去意义。"

　　所以说，一个人拥有绝对的信念是最重要的，只要有信念，力量会自然而生。

　　心理学中大量研究告诉我们，一个健康的人，应该一直保持良好的心态，要有乐观的情绪、美好的信念、无坚不摧的勇气。这样的

人，将永远充满力量。

歌德说过："失掉财富，你几乎没有失去什么；失去荣誉，你就失去了许多；而失掉勇气，你就失去了一切。"

现实社会当中的那些成功者，他们都是从一个小小的信念开始的。因为一个人的信念能够激发你身上还未开发的潜能，让你的能力得到提升。另外，只要你的信念形成了，就会成为伴随你一生的动力，永远让你充满斗志，昂扬奋进。

在奋斗中蜕变

## 信念的力量

每天醒来，很多人都会考虑一个问题："如何才能使我的条件更好？"这也是一个实际生活的问题，它每天都会反复出现，直到你解决为止。

要回答这个问题，首先你应该记住：生活中最重要的事莫过于思考。如何控制你的思想，让它创造出美好的环境，这才是关键。

要取得成功的第一个要素是信念。信念就是确信你所希望的东西是真实存在的，只不过，它们暂时不能被你看见。有些人能够做一些看似不可能的事，而实际上，他们并不比你强多少。还有一些人，奋斗了多年都未见成效，但突然有一天就实现了梦想。看到这些你会不解，是什么给了他新的动力，让他们将要熄灭的抱负起死回生，使他们通往成功的道路上有了新的起点？

这力量就是信念，即坚定的信心。他们拥有坚定的信念，始终向前跟进，哪怕失败、跌倒，也马上站起来，所以最后获得了成功。

可以确认，"信念"是一个常见的词，你一定在一些布道书或理论书中见过。但在行为上，在我们一直生活的世界中，"信念"这个词过去没能引起足够的重视。

我可以向你们保证，信念力量与实践中的个人力量渊源颇深。简单地说，"信念"这个词正是推动事业稳步发展的必须力量。

第一章　成功始于信念

尼奇缝纫机制造厂规模很大，该厂的总裁利昂·乔尔森如今身价高达数百万美元。但是，他刚从波兰移居到美国时，口袋并没有几个钱，他甚至连一句流利的英语都说不上来。然而，短短数年，他白手起家，在这一行脱颖而出，创下了自己的事业。一家报纸报道了他的成功经历，并引用了他在公开场合的讲演："我拥有不可动摇的信念，我前进的每一步，都得到了指导。我既用勤劳的双手工作，也用自己的头脑工作。"

大多数人认为，信念即使不与理性背道而驰，也不过是人脑中的一种观念而已。但我们持相反的观点，日常生活中最重要的理性，难道不是建立在信念的基础上吗？明天太阳会升起来，这其实就是来自于一种信念，因为人类有史以来，太阳总是在早上升起，所以我们"相信"，明天也一样。

宇宙定律或因果定律告诉我们，"相同的原因，在相同的条件下，会产生相同的结果。"只有当我们接受这一真理时，我们才可以真正认识到，事情就该那样，而且我们也可以对这结果进行论证。

在奋斗中蜕变

## 让信念在你的身上产生魔力

你将自己辛苦赚来的钱存进银行，这是信念又一次在发挥作用。你销售产品，既接受现金，又接受支票，这表明你对支票也是有信心的。还有杂货店的老板、市场上的肉贩、你的律师、你的医生、你的职员、你投保的公司，你也同样信任他们。这意味着，在同一类别中，你对某些个体抱有信任，而对另外一些则并不信任。这导致你在他们中间作出不同的选择。如果你"认定"某人不够诚实、能力微小或不那么正派，那么你就不会信任他，更不会将重要的事情托付给他。这时，你相信的是他"错误"的一面，而非"正确"的一面。但这也是一种相信，一种信念。每一种缺乏实际认识的相信，也是一种信念。

你心里明白，如果从高楼的窗户跨出去，你就会摔下去，轻则受伤，重则死亡。这说明你相信万有引力。还有其他一些定律，你也是相信的，比如因果定律。你相信毒药会残害身体，因此你十分小心谨慎，防止误服毒药。你或许会反对我这种说法，觉得这一切你都是"认识"到的，而不是仅仅"相信"它们。如果你不去体验它们，那么你怎么可能真正直接、迅速地"认识"到它们呢？我们都知道，未发生的事情，在实际发生前，都是无法被体验到的。针对这部分事件，我们所能做的，就是"相信"某些结果会发生，此种相信不正是

内心树立的"信念"吗?

你无法通过直接检验或纯粹的逻辑推理,去明确而彻底地"认识"明天或几周后的某一天,甚至明年今日所发生的事情。但是,你的意识中仿佛已具有这种认识,这是什么原因呢? 就是因为你的信念。你对宇宙定律和秩序抱有信念。你认识了这类定律,并且相信它,你就对它抱有了信念。比如,你坚定地希望着"你过去观察到了某个规律,事情会按照那种规律而发展的"。你在太阳底下行走,无法摆脱影子。同样,你也无法摆脱那些关系现在、将来的思想与认识的信念。

往事会时常浮现于你的脑海,而你也将感觉到,信念和理性、智力一样,在你的心中有着明确而实在的位置。

离开了信念,人就无法充满信心地期待,内心执着追求的火焰也会黯然熄灭,坚忍不拔的精神更无从谈起。除非有坚定的信念,否则人们不会拥有强烈的愿望,也不会有持之以恒的劲头。正是靠着信念,愿望和意志才有了鼓舞人心的力量、才得以激发出来,从而不断为人生供给新的活力。

在奋斗中蜕变

## 让信仰永驻身边

信念的力量伟大而积极。如果你能认清这一点，那么它就会友善待你。你若在适当的时机召唤它，并让它有适当的发挥渠道，那么它就乐于为你服务，你会收到良好的效果。

有一次，我曾经在一本书中看到这样一个故事，这个故事说的是：圣·保罗送一个犯人到罗马，他们所乘坐的船遇难了。那艘船在狂风和巨浪之下无助地在海上漂流，最后搁浅，被巨浪打得粉碎。那些会游泳的都跳到了水里，流到了岸边，其余的人"有些还在残留的船体上，有些则抱着被打碎的船甲板。"据记载，这些人也最终逃到了海滩上。

今天，我们的信仰之船也在风雨中飘摇。我们的信仰在童年的浅水之中足以使我们过得很安全，但一旦到了广阔的海洋之中就难以发挥作用。我们父辈的信仰不属于我们，我们要经过努力和奋斗才能得到。这不是智力上的困难，生活的艰难要考验我们的智慧，我们或者接受考验，或者被撕得粉碎。

对信仰的考验很早就已经开始，而且在生命结束之前是不会停下来的。失去健康、失去财富、失去那些我们深爱的东西、破碎的爱以及破灭的希望，都会考验我们的信仰。

当我们的信仰被打得粉碎的时候，我们该怎样做呢？我们必须

要像圣·保罗船上的那些人一样，抓住离我们最近的真理，紧紧地抓住。虽然我们有时感觉自己的信仰很全面，但是，只有极少数人的信仰是全面的。抓住与你最密切的一个信仰，然后耐心地等待，因为你拥有了耐心，就等于拥有了一半信仰。

一位在世界大战中失去了两个儿子的老母亲说："我知道做好事没有错，这是我的观点。"可是，这种思想恰恰是所有事物的基础。如果说拥有耐心就等于拥有了一半的信仰，勇气则是它的另一半。

"关于信仰和恐惧，今天你要选择为哪个服务？"

恐惧状态下的每一个行为都在为失败播种。

我们需要信心和勇气来信任宇宙。如果我们总是在小事上相信它，而遇到大事，我们就习惯于相信自己的理性思维，结果最终失败。如果你有坚强的信仰，你就会走向成功。

丹尼尔·曼宁是克利夫兰总统的竞选组织者，后来当上了财政部长，他曾经也是个没有受教育机会的报童。瑟洛·威德、大卫·B·希尔也都是报童出身——纽约似乎盛产有头脑、有前途的报童。

这是多么异想天开啊！——两个没有受过良好教育、没有一丁点名气的年轻人聚在波士顿一栋廉价的公寓内，商讨着怎样废除某项受很多学者、政客、教会、富人和贵族支持的国家制度。他们怎么敢和国家作对啊！但是，这两个年轻人有崇高的理想，充满激情，渴望拥有美好的未来。其中一个——本杰明·兰迪在俄亥俄州创办了一份名为《全民自由思潮》的报刊，每个月他都要走20英里的路将所有的报纸从印刷馆搬回家。为了增加订阅数，他走了400多英里路去田纳西进

行宣传——他绝不是个碌碌无为的年轻人。

本杰明·兰迪和劳埃德·加里森一起在巴尔的摩继续着他们事业。加里森永远也不会忘记，成群成群的奴隶被从他们的家园贩运到南部的港口，奴隶们随着一声声拍卖的锤声被推进了痛苦的深渊。加里森家非常穷困，但是她的母亲从小教育他反抗压迫，正因为这样，他将自己的一生都献给了废奴事业。

在他们的报纸的创刊号上，加里森强烈要求立刻解放黑人奴隶，并且痛斥了这种黑暗的制度。他被逮起来，送进了监狱。一个北方的朋友——约翰·C·惠蒂尔被他的行为深深地打动了，他给亨利·克莱写信，请求他释放加里森，并且愿意承担保释金。于是，经过49天的监狱生活，加里森恢复了自由。温德尔·菲利普斯这样评价加里森："在他24岁的时候，他因发表自己的观点而被捕入狱。在他青春年少的时候，他就开始了反抗黑暗制度的斗争。"

在波士顿，在没有资金、没有朋友、没有影响力的艰苦条件下，加里森创办了《解放者》。他在创刊号中这样写道："我将坚定不移地追求真理，我将永不妥协地寻求正义，我充满激情，决不含糊其辞，决不向黑暗势力低头。总有一天，别人会听到我的声音。"这个年轻人多么勇敢啊，他敢和整个世界对抗！

南卡罗莱纳州的罗伯特·扬·海恩先生写信给波士顿市长奥蒂斯，说别人送给他一份《解放者》，并向他询问有关出版者的情况。奥蒂斯回信说：这份"毫无价值的报纸"是一个穷困潦倒的年轻人办的，他躲在一间阴暗的小房子里印刷，唯一的助手是个黑人小孩，支

持者只是一些有色人种，他在当地毫无影响力。

但是这位生活、工作在阴暗小屋的年轻人却让世界陷入沉思。南卡罗莱纳州警戒联合会曾开价1500美元发行《解放者》的人；有几个州的州长曾开出了《解放者》编辑的人头价格，乔治亚州立法会开价5000美元要拘捕和审判加里森。

加里森和他的助手们处处被攻击。一个叫做拉夫卓伊的牧师被伊利诺伊斯州的暴徒们打死了，原因是他支持加里森的报纸。一伙富商、政府官员和文人墨客在马萨诸塞这个"美国自由的摇篮"大肆攻击废奴主义者。"当我听说有位先生曾把杀害拉夫卓伊的凶手画在奥蒂斯、汉考克、昆西和亚当斯身旁，"温德尔·菲利普斯指着墙上一幅画说，"我想这幅画中正传出一种声音，痛斥那些懦弱的美国人，以及那些诽谤中伤者。在这片流满爱国者的鲜血、为清教徒们所祈祷的神圣土地上，我们应该将凶手绳之以法。"

南方与北方间的较量既持久又残酷，就连遥远的加利福尼亚也是这样，这场较量的高潮便是那场前所未有的美国内战。在战争结束以后，在经过35年不懈的英勇斗争后，加里森受到林肯总统的邀请，参加星条旗在桑特尔堡再次升起的仪式。一个获得自由的黑人致了欢迎词，而他的女儿则向加里森献上了漂亮的花环。

由此可见，信仰的力量是巨大的，只要你坚守自己的信仰，你就会走向成功。

在奋斗中蜕变

## 信念是思想的推动力

想象是思想的一种具体形式，所有的发明家都凭借它的力量，开辟出了一条崭新的道路。那些具备这种力量的人，不管他目前的地位多卑微，也不管他的先天条件有多差，他们都能成为世界的领军人物。他们会成为革新者，重新拟定社会秩序，同时成为民众前进的引路人。

我们不妨引用格伦·克拉科在《大西洋月刊》中的一段话："人类的文明，是这些人努力的结果。人类社会所取得的巨大进步，大都归于这些人的成绩。他们发现一些精神规律，用正义与秩序取代了邪恶与冲突。如果没有这些人，那么进步无从谈起，创造也只是会海市蜃楼。"

铁路、汽车、图书馆、报纸、杂志，以及众多为我们生活带来舒适与便利的发明，都是由只占总人口2%的人做出来的。这类人，拥有丰富的创造力，当然也拥有着这个国家的绝大部分财富。

那么，他们是谁？他们是做什么的？是商人？还是大学里的高才生？不，都不是。在人生刚起步的时候，他们与其他人无异，没有任何优势，甚至不少人连大学也没上过。他们的过人之处，仅仅在于找到了利用创造力的正确方式，这是他们走向成功的关键。

你不必瞻前顾后没有自信，你只需要随意地召唤你的创造力，并

且遵循下面三个步骤：

第一步：你必须意识到，你具备这种能量。

第二步：明确你内心真正想要的是什么。

第三步：把你的全部精力倾注在上面。

要顺利做好这三步，你就得深切地理解你自身的能量，并充分地发挥它们。如果说我们是台发电机，那么是什么让它开始工作的呢？那就是我们的信念。信念是种内在的动力，它给你的信心，让你挖掘真理，使你认识到自己完全有这个能力。

所有事业的开创都来自于最初脑海中的构思，思想是能够到达任何地方的，而用知识武装的头脑，会使思想如虎添翼。思想，在人的一生中扮演着重要角色，要想取得成功，你就必须做一位有思想的人。

大海中的每一滴水，都分享着海水中的所有财富；人类社会的每一个体，都分享着人类的进步思想。如果你疾病缠身或者穷困潦倒，那么请不要埋怨命运不公，而应当审视自己。因为，你完全可以通过努力来避免这种处境。创造力就在你心里，要改变现状仅仅在于你怎么利用它。创造力就像你呼吸的空气一样，无处不在；别人不可能代替你呼吸，所以也就不可能代替你使用本属于你的创造力。

通过以上的文字你应该了解，你可以做任何你想做的事情，你可以拥有任何你渴望拥有的东西，也可以成为任何你想成为的人。那么，就从现在开始，赶快行动起来，你一定能美梦成真。

## 信念重如磐石

一个心中没有信念的人，总是把自己的命运寄托在外界的事物上，而对自己一点都不信任，这样的结果必是一场悲剧。当一个人把自己生命的核心与把柄交给别人时，又潜伏多么大的危险！比如你把希望寄托在儿女身上，你可能一辈子挨饿受冻；把幸福寄托在丈夫身上，自己不去奋斗，你可能一生孤独凄凉……只有自己才是一支真正的宝箭，若要它坚韧，若要它百步穿杨、百发百中，只能是自己才能做到。

在坎坷的人生路上是什么一直支持我们勇敢地走下去？是什么让我们在面对种种不幸和艰难时有力量走过那道坎？是信念，唯有信念。信念是我们心中永恒的支柱，它像天上的星星一样指引我们跨过伤痛、走向阳光。信念让我们的意志坚定，让我们英勇无畏、心无旁骛。

只要信念的种子还在，希望就在。信念更是一种生活态度，一种积极向上、诚信乐观的态度。

所以，生活中时常会碰到这样或那样的困难，我们一定要坚守住自己的信念，不要被困难吓倒。俗话说：守得云开见月明。在乌云密布的夜晚，只要我们有着对明月的渴望和抱着明月总会出来的信念，静静地等待，最终都会等到月光撒向大地的美丽瞬间。

说起信念，其实并不深奥，就是相信自己，相信胜利，相信自己所确定的目标。

因为信念，我们相信一切都会好起来，面包会有的，牛奶也会有的。

美国著名的解剖学、心理学教授威廉·詹姆斯，可以说是心灵与肉体两方面的专家，他的关于人性与成功人生方面的广博知识堪与爱默生、梭罗匹敌。威廉·詹姆斯是这样论述信念的：

"只要怀着信念去做你不知能否成功的事业，无论从事的事业多么冒险，你都一定能够获得成功。"

能保证成功的不是知识也不是教养，更不是训练、经验、金钱，而是信念。

对事业怀有信念，相信自己，乃是获得成功不可或缺的前提。当然其他因素也非常重要，但最基本的条件，是激励自己达到所希望的目标的积极态度。

威廉·詹姆斯又说："不可畏惧人生。要相信人生是有价值的。这样才会拥有值得我们活下去的人生。"

怀有信念的人是了不起的。他们遇事不畏缩，也不恐惧，就是稍感不安，最后也都能自我超越。他们永远带着一定能够解决的自信去面对。

在奋斗中蜕变

# 第二章
# 没有什么做不到

历史的道路不是涅瓦大街上的人行道，它完全是在田野中前进的，有时穿过尘埃，有时穿过泥泞，有时横渡沼泽，有时行经丛林。

——[俄]车尔尼雪夫斯基

## 不停地奋斗

每个人的人生就像一个金字塔，越往上走，你所享受的空间就越大。但大多数人宁可平庸，按部就班的过日子，辛苦地维持现状。只有少数人能在塔里漫步，游刃有余地生活，欣赏塔顶的风光，享受成功的喜悦，这类人就是知道自己为谁而奋斗的人。而当一个人先从自己内心开始奋斗时，他就是个有价值的人。每当想到你所要追求的，动力就会在你的身边。崇高的目标会为你带来无尽的快乐和激情。为自己奋斗，一切都不成问题。

每个人都要永远记住这个真理，只有懂得给自己加油的人，才是真正聪明的人。

作为一个有心人，要想在这个信息化时代中生活地稍微惬意一点，你就不得不在这个"波涛汹涌的大海"上拼搏、奋斗。

世界是一个硕大的群体。我们每一个人都是这个群体的一分子，就像是深海中的浪花一样。所以我们必须清醒地认识到自己的平凡与渺小。如何才能把渺小的自我立身于庞然大物之中呢？那就是一鼓作气，形成一股海浪。

类似的道理我们在古书中也不难找到——《左传》中的曹刿论战："夫战，勇气也。一鼓作气，再而衰，三而竭。彼竭我盈，故克之。"可见一鼓作气的策略在成功中发挥的重要作用。

人生或许只有一次机会，所以要看准自己的将来，下定决心，选择没有后悔的生存之道。要奋斗就要有足够的勇气和冲力。

拿破仑·希尔深知，成功就是一连串的奋斗。

对此他特意讲了一个故事：我最要好的朋友是个非常有名的管理顾问。一走进他的办公室，马上就会觉得自己"高高在上"。办公室内各种豪华的装饰、考究的地毯、忙进忙出的人潮以及知名的顾客名单都在告诉你，他的公司的确成就非凡。

但是，就在这家鼎鼎有名的公司背后，藏着无数的辛酸血泪。他创业之初的头六个月就把十年的积蓄用得一干二净，一连几个月都以办公室为家，因为他付不起房租。他也婉拒过无数好的工作，因为他坚持实现自己的理想。他也被顾客拒绝过上百次，拒绝他的和欢迎他的客户几乎一样多。

就在整整七年的艰苦挣扎中，我没有听他说过一句怨言，他反而说："我还在学习啊。这是一种无形的，捉摸不定的生意竞争，很激烈，实在不好做。但不管怎样，我还是要继续学下去。"

他真的做到了，而且做得轰轰烈烈。

我有一次问他："把你折磨得疲惫不堪了吧？"他却说："没有啊！我并不觉得那很辛苦，反而觉得是受用无穷的经验。"

由此可知，倘若没有这一连串的努力和奋斗，他朋友的公司只会化成泡影。倘若干干停停，就会失去机遇，更与成功无缘。七年的连续坚持就是关键中的关键。好比我们提着重物去登山，一口气到了半山腰，感觉已经很累很累，这个时候聪明的人是不会停下的，一旦停

在奋斗中蜕变

下，就很难再起来，疲劳感和厌烦感都会随之而来，把原有的信心和勇气挤跑。只有一鼓作气登上顶峰，才能彻底放松顺带欣赏美景。

既然选择了奋斗就要准备好付出所有，既然选择了奋斗，就要努力让自己的人生变得与众不同。而这一切，是需要一种近乎神奇的力量作为动力的，只要我们善于去发掘，善于去寻找，我们就能在每一场人生的战役里拥有这种力量，从而战无不胜。

奋斗是永不停歇的脚步，是无怨无悔的坚持，是一鼓作气地努力。

近几年，也就是当几道细细的鱼尾纹悄悄爬上眼角时，我才猛然意识到，自己已经到"不惑"之年了。"年与时驰，意与日去"，自己仍徘徊在成就的山脚下，无所事事。回首往事，不仅茫然长叹：半是懊悔逝去的岁月，半是叹息时间老人的无情……

不知你是否仔细揣度过"年轻"这个字眼？人生的价值，要用成就的砝码来衡量，而成就的取得，都要靠时间的"钞票"来换取。从这个意义上说，年轻——意味着我们是世界上最珍贵财富的富有者。严峻的自然法则，将允许我们更长时间的遨游于科学的海洋，去涉猎"光怪陆离"的教育教学领域，出入于知识的迷宫，去采摘色泽鲜艳的成就硕果，这是何等的令人羡慕啊！

在教育界，多少老前辈们，虽已年过花甲，本可偃旗息鼓，一享天伦，可是一颗不断进取的心，一个渴望把一腔热血洒向教育的愿望，为他们的生命绷紧了发条，促使他们每天教学和学习十五个小时以上，他们身后的脚印是坚实的，他们都已步上成就的高山。可你们知道他们怎样倾慕我们年轻教师吗？他们说：

"假如我是你们当中的任何一个人，哪怕是你们当中的最倒霉的一个，我都感到无限的幸福，因为你们拥有时间，拥有未来！我不相信什么命运，只要有时间，就可以在奋斗中赢得一切。"

老前辈们的话，启开了我思想的闸门，像一股淙淙的清泉，滋润了我干涸的心底。是的，何必叹息呢！我们要永远相信自己还年轻。老前辈们硕果累累，却真心挚意的羡慕我们这些两手空空，但却富有时间的后来者，所以，我们应该为此骄傲——我们还年轻。

面对勤奋的人们，我深深地反省：多少个晨星初露的清晨，在我贪恋安逸的惰性中消失；多少个落日余晖的黄昏，在我"海阔天空"的闲扯中荒芜。在人生的旅途上，我们是时间的拥有者，在历史的长河中，我们所拥有的时间不过是短暂的一瞬。亲爱的朋友请想一想吧：水蒸发了，变成了气；草烧焦了，变成了灰；自然界上，任何一种物质的消失都转化成了另外一种物质，那么，时间流逝了呢，能不能转化成另外一种东西呢？有人说得好：不赋予时间以创造性的价值，它就像小溪的流水，只能带去凋谢的青春花瓣，而不能浮起成就的远洋货轮！

亲爱的朋友们，也许你与我一样，懊悔逝去的岁月，责怪时间老人的无情；或者，当别人在事业上迎来硕果摇曳的丰收时，羡慕别人的成功，感叹自己一事无成。

朋友，把叹息换成奋起吧！"人言秋日悲寂寥，我言秋日望春潮，晴空一鹤排云上，便引诗情到碧霄。"逝去的既然已经逝去，那么，就让我们以新的勇气去开辟新生活吧。况且，新的教育时代的到

来，已不容我们有一丝的懈怠。那么就让我们在这新的教育时代到来之际写下这样九个令人羡慕、催人奋进的大字——永远相信我们还年轻！

每个人都要永远记住这个真理，只有懂得给自己加油的人，才是真正聪明的人。不停地给自己加油，才能获得不停的勇气，形成一鼓作气地努力，争取到成功的希望。

第二章　没有什么做不到

## 培养成功的愿望

每个人在一生中都有成功的机会，但是大多数人不会成功——因为他们不愿付出代价。他们有能力，但缺乏成功的至关重要的因素——成功的愿望。成功的愿望仅仅是观念的一部分。如果你具备了这一品质，你就会无所不能，任何事你都能干，最终会成为一个胜利者。

在阿特·威廉当足球教练的时候，接管了一个弱队。这全是些体重不足、经验缺乏的青少年。这个队久经失败，队员们不愿意穿上运动服出去训练。威廉清楚，在一个季度内，让他们达到体格完善并变成职业足球运动员是不可能的，任何教练也做不到。他唯一能做的就是让他们意识到自己是胜利者。

起初，他们肯定以为威廉疯了。但是渐渐地他们开始相信他的话，并开始把他们自己当做竞争者。第一场比赛赢了，他们竭尽了全力，什么也阻挡不了他们。他们已经形成了胜利的观念。一夜间，他们并没有变，同其他的足球队仍不是一个等级。但他们认为自己是胜利者，这一观念改变了一切。

作家和学者们年复一年地对事业成功之人进行研究，得出了这样的结论：胜利的观念是取得成就的关键。成功由三部分组成：一部分是才能，一部分是"机遇"，一部分是"成功的愿望"。成功者的普遍标准是：正确估价自己作为胜利者的能力。这一点为什么如此重要呢？

因为每个人都不愿意辜负自己的希望。胜利者一般都有一种想要成功的"像火一般炽烈的欲望"。这种品质提供了达到目标所需要的动力。

看了上面我所说的，你可获得什么重要的启示吗？

请记住，是你的决定而不是你的遭遇，主宰着你的人生。你从这本书中所看到的一切都不管用，你从其他的书中所看到的、从录音带中所听到的、从研讨会中所学到的也都不管用，除非你决定要好好去用，因为唯有真正的决定才能发挥改变人生的力量，这个力量任何时间都可支取，只要你决定好要去用它。

为了证明你的决定，此刻你要把一两件搁置许久的事作出决定，看看有没有什么困难，如果决定好了就要立刻采取行动，不达目的誓不罢休，这么做可锻炼你的"肌肉"，增强你改变人生的意志。

在你人生的前面必然横亘着一些问题，但如果你想脱离围墙的羁绊，你可以攀越过去、可以凿穿过去、可以挖地道钻过去，或者找扇门走过去。不管一道墙屹立得多久，终究抵挡不住人们的决心和毅力，迟早是会倾倒的。人类的精神是难以压制的；只要有心想赢，有心想成功，有心去塑造人生，有心去掌握人生，就没有解决不了的问题，没有克服不了的难关，没有超越不了的障碍。当你决定人生要由自己来掌握，那么日后的发展就不再受困于你的遭遇，而端视你的决定为何，你的人生将因此改变，而你也就有能力去掌握……

为了成功，你必须追求胜利。行动上的"胜利愿望"意味着，即使在逆境面前都表现出的坚韧不拔的态度和成功的决心。有人给胜利

者这样下定义："大多数人能坚持两三个月；许多人能坚持两三年；但是胜利者总是坚持到底，直至胜利。"

每个人都有能力在现有的水平上，使生活有所转机，做一个出类拔萃的人。这样做的决定就是起点。你能做的态度和胜利的观念将促使你达到目的。

要形成成功的观念，一定要重新学习如何拥有梦想。一定要再一次变得振奋、自信和热情，在屡受挫折之后，把这一切转化为成功的观念。在这方面，辛迪的经历值得每一个人借鉴。

辛迪在公司当兼职雇员，干得不错。后来，丈夫同她一起从事这一工作。然而不幸降临：女儿染上重病，房子起火，许多同事退职，而且经营处于停滞状态。两辆轿车卖掉了，钱花得一干二净。情况却越来越严重，婆母又突然生病。如果换了别人，或许她会永远认为那样的日子是她生活中的灾难，她让丈夫去照料母亲，自己回到家里来（房子也要卖掉），看到家里既没有吃的，也没有钱。

但辛迪不是这样的！对于辛迪来说，这是她生活的转折点。是她决定驾驭自己的生活并取得成功的时候。

丈夫回来后，他们便商量。他到外面去工作而辛迪继续从商。在不名一文、背着数以千计的债务的情况下，他们又开始了工作。一点一点地，一天一天地，一次还一点债，他们终于熬过来了。现在，辛迪在某一繁荣的商业领域任总经理。

是什么力量促使辛迪重新振作起来？是成功的观念，是不甘失败的决心，是不找借口开脱的决定。她发现了自己梦想成为成功者的

能力，甚至是当社会的每一个标准似乎都表明她是彻底的失败者的时候，她仍有动力而且坚持到底，直至最后取得成功。

梦想往往是同命运结合在一起的。为了你的生活，好好想想吧！了解自己并去寻找一直在渴望的梦——使人出类拔萃的梦，做出一番伟大的事业。要用梦想来建树你的成功的观念。如果你相信成功的观念，你就有了无所不胜的保证。

第二章 没有什么做不到

## 没有什么做不到

"阳光之下创造自己的传奇，暴雨之中也有无限勇气，不畏惧，向前冲，没有做不到的事。"

世界是无奇不有的，因此具有无穷的魅力；人生是可以创造出奇迹的，所以每个人都应该对自己的人生抱有期待。

然而，生命中的神奇都是如何而来的呢？

敢为人先的精神，创造了多少成功者的神话。但这种神话在实现以前，却是如此让人望而却步。也正是这种机遇和危机共存的特点，才使一部分敢想又敢做的人脱颖而出。

记得王菲的歌里有这么一句词：就像蝴蝶飞不过沧海，没有人忍心责怪。但就是这小小的蝴蝶也有出人意料的勇气。蝴蝶一族在沧海边徘徊了几千年，它一直纳闷海的那边是什么样子。它问那些鸟儿，海的那边是什么？鸟儿说，那边有美丽的森林、绿色的植物和鲜艳的花朵。

蝴蝶的祖辈们已经在这个沧海边的花丛里生活了很多年，它没有勇气尝试飞越沧海去领略海那边不一样的世界。直到它慢慢地老了，郊外的花草树木被现代文明挤压得所剩无几，它不得不做一次冒险的尝试。如果可以，它的后辈们便能生活在花朵的世界。那天，它展开翅膀在海边一次次试飞。终于，它闭起眼睛，朝前方飞去。飞到

海的中央，头顶是碧蓝的天空，下面是一望无垠的海水。又不知飞了多久，终于，它飞到了梦想中的地方，成了那片花海中唯一的一只蝴蝶，受到了所有植物的拥戴。

尝试，很难也很简单；梦想，离我们很远也很近。

这是一个神奇的世界，没有什么不可能的事情，也正是因为这许多可能性的存在，我们的地球、我们的世界才如此生机勃勃。动物尚且如此，充满智慧的人类又如何呢？

拿破仑·希尔说："一切的成就，一切的财富，都始于一个意念，即自我意识。"

在圣路易斯有一位非常杰出的脑科大夫，他是华盛顿大学脑科手术室的主任，他所做的手术几乎就是奇迹，有许多人千里迢迢地来找他求医。"他只不过是个幸运儿"，年轻的医科学生可能会这样说，"他只不过幸运地有这种才能。"但是请别太早下结论，让我们看看这位欧内斯特·塞克斯大夫的过去吧。

许多年以前，当他还是一个实习医生在纽约的一家医院实习的时候，一位医师因为无法拯救病人而感到痛心，因为大多数的脑瘤都是无法治愈的，但他相信有一天，一定有一些医生有勇气去挑战病魔，去拯救那些受苦的生命。年轻的欧内斯特·塞克斯就是这样一个有勇气面对挑战的人，他有勇气去尝试几乎不可能完成的任务。当时，在美国从来没有过成功治愈脑瘤的先例，唯一能给这个年轻人一些指导的人是一位在英国的大夫——维克多·霍斯利爵士，他对大脑解剖结构的了解超过任何人，是英国脑科医学界的一位先锋人物。塞克斯获

准跟从这位英国医学家工作学习，但在前往英国学习之前，他还做了另一件很有意义的事。因为想要为在这位著名医学家手下工作打好基础，塞克斯花了六个月的时间到德国求教于那里最有能力的医师，这是许多年轻人不愿花时间去做的事情。维克多·霍斯利爵士对这个美国年轻人的认真和勤奋感到非常惊讶，为他仅仅为做准备工作就花了六个月时间而感动，所以直接就把他带回自己家里。在此后的两年时间里他们一起对猴子进行了多项实验，这为塞克斯未来的事业奠定了坚实的基础。塞克斯回到美国以后主动提出治疗脑瘤的要求，但是他却遭到了嘲笑，面临着各种障碍，他没有必需的设备，仅能靠不屈不挠的精神去努力实现自己的理想。正是靠着这股坚忍不拔的毅力，才使大多数的脑瘤患者在今天可以得到治疗。塞克斯大夫通过训练年轻的医师来传授他的技能，他还在全国建立了许多脑瘤中心，让每一位有需要的患者都能够就近得到治疗。他的书《脑瘤的诊断和治疗》已经成为医治脑瘤病症的权威著作。

也许有些事你认为永远无法办到，但是有人却能把这些变为事实，这也许就是奇迹。别人可以，你为什么就不能创造奇迹呢？

"当当当——"一位塞尔维亚的牧羊少年在敲打一把长刀的刀柄，但因为刀锋被插在了草地里，所以躲藏在玉米地里的来犯者听不到这个信号，但附近的牧羊少年则可以把耳朵贴在地上听到这个警告，正是这个简简单单的办法，使塞尔维亚牧民成功地对付了藏匿于夜幕下草丛中的罗马尼亚窃畜贼。这些牧羊少年长大之后大都忘记了这种通过地面传声发出警报的办法，但有一个人例外，他在25年之后

以此为理论基础做出了一个划时代的伟大发明，他就是米哈伊洛·伊德夫斯基（1858—1935，匈牙利裔美国物理学家和发明家）。他使本来只能在一个城市内通话的电话能够长距离使用，哪怕跨越大陆。

"我没有机会去自己创造什么。"你也许会这样说。没有机会？胡说！创造的机会在你每一天的生活中处处皆是，许多伟大的发明就是通过对平常的东西进行不平常的思考而得来的。

感慨的同时也更加肯定一点：没有做不到，只有想不到。我们本身就是为了创造无限的可能才存在的，每个人的一生都是独特而有意义的。如果每个人都能抱着这种想法肯定自己的独一无二，那么请相信人生中也没有什么事情可以让你感到没有信心和郁闷的了。

当父母问孩子：长大之后想做什么的时候，如果孩子说：我想当个科学家。那么请千万不要一笑而过，尊重孩子单纯但又最真实的想法，也是在尊重一种值得称赞的可能性。多少科学家都是从儿时就表现出与众不同的思维的。

当老师问自己的学生：以后想上什么样的大学时，如果得到的回答是哈佛或者剑桥，那么这是一件值得老师激动的事情。即使这个学生成绩平平，至少他已经拥有了无限可能的精神，值得人去相信。即使考不上哈佛或者剑桥，他的人生也一定与众不同。

当上司问自己的属下：有什么人生规划的时候，如果对方说：第一个目标就是超越你。那么可能这个属下已经喝醉了。当然不排除遇到一个英明无比、视才如宝的上司认真地对待这个回答，并且为之感到高兴——"青出于蓝而胜于蓝"是件值得人高兴的事情。

总之，不管想经历怎样的人生，前提都要对未来保持一种积极探索的精神。想法，在头脑里生成；做法在实践里证明。两者之间是相互信任的亲密关系，那么就没有什么是不可能的。只要你能想到的，都可以去尝试，只要尝试了就是一种收获。做到与否，要靠实践和时间去证明，所以尽请相信：没有做不到，只有想不到。

在奋斗中蜕变

## 只需要成功的理由

失败可能需要很多借口，但成功只需要一个理由，那就是我要成功，我一定成功！你要什么，往往你就能得到什么；如果你连想都不敢想，你又能得到什么？

1665年的一天中午，牛顿在苹果树下乘凉，他思考着行星绕着太阳转的问题。一个苹果落下来，打断了牛顿的思路。

没有风吹，苹果什么会落下来？

苹果不向上飞，也不向左右跑，偏偏向下落，这不正说明地球对苹果有吸引力吗？

于是，牛顿提出了万有引力学说。

俗话说得好："狐疑犹豫，终必有悔。"该做的时候就立即去做，只要你认为是正确的，那就没什么好犹豫的。

聪明的人不善于也不需要去为自己做掩饰，因为他们能为自己的行为和目标负责，他们明白拖延是最没有价值最不应该拥有的东西。

面对认为是对的应该用心去做的事情，他们只会立即付诸行动不会有丝毫犹豫。让我们来看一个成功的例子：詹姆斯是一名普通的保险推销员，后来受聘于一家大型汽车公司。工作几个月后，他想得到一个提升的机会，于是直接写信向老板史密斯先生毛遂自荐。老板给他的答复是："任命你负责监督新厂机器的安装工作，但不加薪

水。"詹姆斯没有受过任何工程方面的培训，也看不懂图纸，他觉得是老板在故意刁难他，但是，他并没有因此而降低自己对工作要求，也没有以不会看图纸为理由而怠工，而是充分发挥了自己的领导才能，组织技术工人进行安装，在工作中学习和提高，提前一个星期完成了工程。后来，他不仅获得了提升，薪水也比原来涨了10倍。

现实生活中，很多人都是自己使自己变成一个被动者的，他们想等到所有的条件都十全十美，也就是时机对了以后才行动。人生随时都是机会，但是几乎没有十全十美的。那些被动的人平庸一辈子，恰恰是因为他们一定要等到每一件事情都百分之百的有利，万无一失以后才去做。这是傻瓜的做法。我们必须向生命妥协，相信手上的正是目前需要的机会，才会将自己挡在永远痴痴等待的泥沼之外。不管是机会还是条件都是需要自己去努力争取才有可能获得的。

一般而言，找出事情"没经验、太困难、太费时间"等种种推脱的理由，确实要比"努力不懈、分秒必争、提高效率"这样的追求容易得多，但如果你经常为这些理由而推脱，那么本可以完成的变成不好完成甚至完不成，那你就不可能顺利地完成一切事情，你的思想就会成为滋生懒惰的温床，这对你以后的人生显然是很不利的。这就印证了那句老话："天作孽，犹可恕；自作孽，不可活。"

有的学生在上自习的时候总是看小说或睡大觉，认为作业和习题晚点做也没什么；有的老员工总是故意把本可以2个小时做完的工作慢慢延长到半天，认为这样的"充实"比早早做完又接别的工作的"傻瓜"来的精明；有的老年人想追点儿新潮问子女教聊天软件的使用方

法，可是结果任何时候也看不到他们在线……在我们的日常生活中有太多值得立刻去做而迟迟不做的事情，看起来似乎可有可无，实际上，错过的永远不只是一点点时间这么简单。今天的一点点、明天的一点点、后天……加在一起就是很多很多的时间，而这种浪费是会让人后悔和痛心的，也是几乎不能挽回的。

学生学习的时候分秒必争，是为了在今后的人生里成为别人学习的榜样；员工工作勤恳而高效，是为了证明自己还有很多可以让自己生活的更好的能力；老人与时俱进尝试学习新东西，是为了"老有所用"的信念，为了拥有一个最美的"夕阳"。退一步讲，即使错过的只是时间，时间不也是我们最宝贵最不想错过的人生资源吗？它是不能回头的，就好比错过了机遇就很难成功一样。所以说，归根结底，没有什么是好迟疑的，好的事情就要"这就做"。

当作为学生的你有了强烈的主动意识；当工作后的你有了更强更好的奋斗信念；当年过花甲的你过上充实而新潮的人生，拥有年轻人一般活力的时候。回头看看吧，你会猛然发现，正是因为一个个不迟疑的选择，一个个干脆而坚定的回答，一次次立即的行动才得到一个崭新的人生。"狐疑犹豫，终必有悔。"该做的时候就立即去做，只要你认为是正确的，那就没什么好犹豫的。

正所谓态度决定一切。

或许态度上的区别，将会决定你与别人之间有很大的差距。"是的，这就做"不是什么低声下气的回应，而是一个渴望成功的人所必须秉承的理念；"是的，这就做"不是什么毫无主见的应承，而是一

个胸怀大志的人踏实上进的表现；"是的，这就做"不是什么庸碌无为的应答，而是对珍惜机遇，珍惜自我的人生态度的诠释。如果哪天真地明白了这五个字，相信你会做得更好。

"是的，这就做。"你的成功人生也从这里开始。

在奋斗中蜕变

## 成功需要付出

不去计较地付出才是真正的付出，渴望回报而去付出的，只是虚伪。

荀子在《劝学篇》里说："蟹六跪而二螯，非蛇鳝之穴无可寄托者，用心躁也"。这说明了全力以赴是一种成功的品质，做事三心二意，前怕狼，后怕虎，患得患失，焉有不失败的道理？

当人竭尽全力去付出的时候，才有可能获得期望之内的收获。俗话说："一分耕耘，一分收获。"不去耕耘，怎有收获呢？天上是不会掉馅饼的。既然要付出，就彻底一点，免得获得的不够时平添抱怨。生活中埋怨付出太多、获得太少的人太多太多。试问自己：付出的时候，是一颗真心吗？有所保留了吗？

有一位成就斐然的年轻人，他是一家大酒店的老板。一开始我丝毫没有看出他有什么特殊才能，直到他讲述了自己被提拔的传奇经历之后我才明白了事情的原委。

"几年前，我还是一家路边简陋旅店的临时员工，根本就没有什么发展的前途可言。"他回忆道："一个寒冷的冬天，已经很晚了，我正准备关门。进来一对上了年纪的夫妇。他们正为找不到住处发愁。不巧的是，我们店里也客满了。看到他们又困又乏的样子，我很不忍心将他们拒之门外。而且，老板说了，不能拒绝客人的要求。于

是我将自己的铺位让给他们，自己在大厅睡地铺。第二天一早，他们坚持按价支付给我个人房费，我拒绝了。本来也就没有什么嘛！"

"那对夫妇临走对我说：'你有足够的能力当一家大酒店的老板。'"年轻人脸上露出憨厚的笑容。

"开始我觉得这不过是一句客气话，然而没想到一年后，我收到了一封从纽约寄来的信，正是出自那对夫妇之手，还有一张前往纽约的机票。他们在信中告诉我，他们专门为我建了一座大酒店，邀请我去经营管理。

年轻人为了把工作做好，执行了老板不能拒绝客人要求的工作指示，没有借口说旅店里客满了，甚至没有计较一夜的房费，而正是这一举手之劳，他获得了一个梦寐以求的机会。

付出多少，得到多少，这是一个基本的社会规律。也许你的投入无法立刻得到回报，不要气馁，一如既往地付出，回报可能会在不经意间，以出人意料的方式出现。除了老板以外，回报也可能来自他人，以一种间接的方式来实现。

我们设想一下，如果这个年轻人当时没有执行老板的指示，借口说客满了，把那对夫妻打发走，结果会怎么样呢？也许他直到现在还在那个简陋的旅店里打杂。每个人都会有很多的机遇，往往一个借口就让你错失了也许对你一生来说最重要的机会，而你还浑然不觉。

获得多的人与获得少的人的区别在于，前者毫无保留又不想回报，后者付出的时候盘算获得的时候的计较。而命运就是这样的奇妙，越是不计较回报的人获得的回报越多，斤斤计较的反而一无所获。

要想取得成功，必须付出更多，才能获得更多。

在我们的生活中，其实，就人的心理而言，大凡付出了，就一定期望有所回报，而且付出的越多，回报的期望值也就越高。当然，这种付出和回报可以是物质上的，也可以是精神上的。如果付出而没有得到回报的话，人的心理是会失衡的。至于那些曾经付出而没有得到回报却又能一切如常的人，如果不是自欺欺人的话，就一定是心理素质比较高的人了。

对待工作的时候，也许你会觉得自己已经在工作中投入了很多，却没有马上得到回报，而心有不甘。你会想既然不能升职，还不如忙里偷闲，反正也不会被开除、扣工资。这样一来，以后你就可能会拖延怠工，以免提前完成工作，再揽上其他的事务。久而久之，你的进取心将被磨灭。另外，如果你计较自己的付出没有在短期内得到回报，继而会产生抵触情绪，还会影响你在公司里的人际交往。

刚开始工作的时候，你从事的只能是很琐碎的工作。你只有全力以赴地付出，才有可能得到提拔和重用。

独自创业的人更是如此，不要指望付出一点点就能够达到你的期望值，人的期望总比现实要高。甚至在创业之前的很长一段时间里都应该开始为此准备和付出，只多不少，做好一切心理准备。对于结果可以希望，可以企盼就是不能奢望。因为命运本身也是一个精打细算的商人，它给予的是每个人自己应得的那份，不会太多也不会太少。

这个世界上没有绝对的公平，但却有相对的合理，不管怎样去算计，付出与回报的比例大多都是一比一。所以，再精于算计的人在付

出的时候千万别多想，算计来算计去小心算计的是自己。倘若能给别人的付出以回报的话，最好就给予别人回报；如果不能给予回报，最好就不要接受别人的付出。

在人际关系中生存，就必须要有付出。而赢得人心的关键，就在于一颗博爱之心。有句俗话说：人人为我，我为人人。说的就是相互付出、相互帮助、共同走向人生的成功的道理。

总之，就常人的心态而言，如果在付出的时候能少一点对回报的期望，多一点"助人为乐"的精神；在得到回报的时候少一点对等的要求，多一点满足的情感。那么，我们就一定会活得更加开心快乐！

在奋斗中蜕变

# 第三章
## 始终相信自己

趋越自然的奇迹，总是在对厄运的征服中出现。

——[英]弗朗西斯·培根

# 从改变自己开始

若有人想改变自己，那就先从相信自己开始；如果想效法伟人，那就效法他是如何相信自己的吧！

社会充满了这样一些人，他们最初是无名之辈，但白手起家，很快便在商业领域开辟了一片天地。只要一个人有坚定的信念，而且相信自己的能力，就会立于不败之地。

想找到自己的定位吗？闭上眼睛，努力去想一下，哪个位置才是最适合自己的，同时以你的能力也是最适合做的工作。在那个位置上你能做得最好，同时社会也能给你最多的回报。

只要是你想做到的事，就一定能够做得到！只要你敢想就不会缺少机会，机会也不会只有一次！你要坚信这个世界不会限制你，你的面前充满了机会，你可以制订自己成功的规则，只要你喜欢，可以将它们无限放宽。机会永远都有，而且随时可能降临。

伯顿·布拉雷在他的《机会》一诗中很好地阐述了这一切：

"最华丽的诗篇还未谱就，

最巧夺天工的殿堂还仅是蓝图，

最险峻的高峰还未被征服，

最壮阔的天空还未被驯顺；

所以，

不要担忧，不要焦躁，振作起来，

　旅行才刚刚开始，

最美丽的工作等待着我们去做，

最杰出的作品等待着我们创作。"

你必须先储备了足够多的知识和能力，之后薪水和财富才会紧紧跟随而来。不是你缺钱，而是缺乏将钱用在最合适之处的方法。相信自己，就会创造奇迹。要记住"心有多大，舞台就有多大"。

你必须相信自己，而且要把选择的权利掌握在自己手中。一切都由意识掌控。很多比赛的失败在起跑之前已经注定，很多人的失败在事业开始时的就已经注定。

伟大的梦想让你的成就随之成长，渺小的希望让你永远落后于别人，相信自己就需要做到一切都由意识掌控。如果自认比别人强，那就一定别人强，即使现在你还和别人平起平坐，但总有超过别人的时候，只要机会降临，你的梦想就会起飞。机会和胜利并不总是青睐所谓的强者，是相信自己可以的人迟早也总能赢得胜利。

此时此刻你最想从生活中得到什么呢？如果想起来了，就把它深深地印在脑海里，让它在你的潜意识上留下深深地印记。心理学家曾发现，最适于向潜意识提出建议的时间是临睡之前。但是这些需要佛罗伦斯·斯考威尔·西恩《生活的游戏与玩法》书中所写的那样简单的信念。

一位女士在纽约想寻找一幢公寓，而在当时不论你是有钱人还是沉浸在爱情中的人，公寓都很难找到，她的朋友告诉她得先把家具寄

存一下，然后住进旅馆，但是她不愿意放弃自己的想法。她知道自己正在寻找的公寓一定就在某个地方，而且是一定存在的。于是她坚定一定成功的信念。

她知道如果自己找到了想要的公寓，首先需要些新毯子过冬。但是理智告诉她："等你找到了公寓再把它们放进去。"而信念回答："当你找到的时候，你要的任何东西，都要相信你能够得到它！"

如果她有了合适的公寓，她做的第一件事会是什么呢？买毯子。于是她出去买了毯子。

不用说她自然得到了公寓。

佛罗伦斯·斯考威尔·西恩说这是一件"神奇的事"，因为当时有其他200多个人也想要同一个公寓，但只有她得到了。

第三章　始终相信自己

## 相信自己可以做到

信念是一种指导原则和信仰，让我们明了人生的意义和方向；信念是人人可以支取，且取之不尽；信念像一张早已安置好的滤网，过滤我们所看的世界；信念也像大脑的指挥中枢，照着所相信的，去看事情的变化。如果你相信会成功，信念就会鼓舞你达成；如果你相信会失败，信念也会让你经历失败。

要想使自己成功，除了需要让自己成为成功者的才能，最根本和最重要的是毫无倦怠地持续工作。所有获得成功的人从自己的切身感受中发现，唯有信念才能左右人的命运，因而他们只相信自己的信念。

人的潜在意识一旦完全接受自己的要求之后，他的要求便会成为创造法则的一部分，并自动地运作起来。人必须相信自己所想要相信的事。这样，就会在自己的潜意识中得到真正的印象，而自己的潜意识也会因印象的程度而适当地做出反应。

普通人认为办不成的事，若当事人确实能从潜在意识去认定可能办成，事情就会按照当事人信念的程度如何，而从潜能中流出极大的力量来。此时，即使表面看来不可能办成的事，也可能办成。

生活中，常有这样的事：医生已判定某患者的病无法治愈或某人是癌症晚期，但患者却抱着"一定会好"或"我的病不像大夫说的那

在奋斗中蜕变

么严重，我会好的"这种坚强的信念，病后来真的就完全治好了，或癌症晚期的悲惨结局根本就没有出现。这类事古今中外不胜枚举。

工作也是一样。在经济不景气的氛围中喘息奔波而最终崭露头角、获得成功的例子也不在少数。其原因就是，任凭别人怎么说"那不可能""谁也无法成功"，而自己却接触定理"我一定要做出成绩让人看看"的坚定信念而努力拼搏所致。

人类是地球上唯一能够过着丰富内在生活的动物，我们经常不看外在的环境怎么样，而是凭着自己的诠释，来认定自我和决定未来的行动。

我们人类之所以不同于其他生物，乃是因为具有极强的改造能力，可以把任何东西或想法转换或改变成能让自己觉得快乐或有用。而我们最强的能力，便是能把自己的一手经验结合别人的经验，创造出完全不同于任何人的方式，展现在生活的各种层面上。因而也只有人能够改变脑中的神经链，使痛苦化为快乐或快乐化为痛苦。

不知各位是否记得有一则新闻，有一个人把自己关在笼子里绝食抗议，他为了某个理由有30天没有进食任何食物，结果还能活下来。在肉体上他所承受的痛苦非常大，然而此举却能吸引大众注意，他因而得到快乐，结果所受的痛苦便为快乐所抵消。若把范围再缩小一点，有些人之所以愿意忍受肉体的折磨，乃是因为这样能得到锻炼身体的快乐，使严格克己的磨炼转化为个人成长的满足，这也就是何以他们能长久忍受那样的痛苦，因为他们能得到所要的快乐。

我们不能随着环境的变化而起舞，因为那样就不能决定自己人

生的方向，这种情况就有如一部公用电脑，任何人都可以输入乱七八糟的程序一样。我们每个人的行为，不管是有意或无意，都受到痛苦和快乐这股力量的影响，而这个影响的来源有儿时的玩伴、自己的父母、老师、朋友、电影或电视影片中的英雄以及其他种种，不知不觉中它们对你造成了影响。有些时候可能是别人说的一句话、学校发生的一件事、比赛中的一场胜利、一次尴尬的场面或门门科目都是80分以上的成绩，这都可能对你曾造成莫大的影响，因而塑造了今天的你。由此各位怎能不同意我说的这句话：我们的人生乃掌握在对于痛苦和快乐的认定上。

当你回顾过去，是否能够回想出有那一次经验所形成的神经链对你造成今日的影响？你对那次的经验赋予了什么样的意义？如果你当时未婚，你是把婚姻看成一件愉快的探险呢，还是把婚姻视为是沉重的负担？当晚上坐在餐桌上时，你把用餐视为是一次给身体加添补给的机会呢，还是把大吃一顿当成快乐的唯一源泉？

影响我们人生的绝不是环境，也不是遭遇，而是我们持有什么样的信念。

之所以产生如此奇迹般的结果，原因有两个方面。

一是拥有绝对可能的信念，便会在心底里播下良好的种子，从心底引发良好的作用；二是那个绝对不可能的信念到达潜能后，会从潜能那里流出无限的能力来。

世上许多令人无法相信的伟大事业，还是有人去完成了。究其原因，无非是那些人具有不怕艰难险阻的坚强信念，坚信自己永葆无穷

的力量。

　　凡是想成功的人，凡是不甘于现状、渴望进取的人，都要相信自己的力量，不为各种干扰所左右，朝着既定的大目标勇往直前。

第三章　始终相信自己

# 相信自己可以创造奇迹

一个人的人生命运掌握在他自己的手中，如果一个人不管遇到任何困难和磨难都始终坚持自己的信念，不屈不挠，不断向前，那么魔鬼都无法奈何他！他可以创造自己的人生奇迹。

有这样一个人，在他19岁那年，和朋友滑雪打赌，从朋友张开的双腿间滑过去，结果发生事故，导致颈椎骨折，颈部以下全身瘫痪，从此，只得依靠轮椅生活。

还有一个人，他不仅能够自由驾驶汽车，驾驭轮船，而且还能自由驾驶飞机。在他人生第33个年头的时候，被竞选为温哥华市议员。在他人生第45个年头的时候，又登上了温哥华市长的宝座。

还有一个人，他创建了一个又一个非营利助残团体，发明了多种助残设备，成为大家喜爱而熟知的公众人物。

大家认为这可以是一个人的人生吗？全身瘫痪却又可以自由驾驶，可以参政，可以为社会做贡献。没错，这就是一个人的人生轨迹，他就是加拿大温哥华市市长山姆·苏利文。他用自己传奇的人生经历告诉我们：人生的奇迹可以自己创造。

从一个高大健壮的正常人变成一个残疾人，在开始的岁月中，苏利文有过挣扎，有过绝望的情绪。当时他主要依靠父母和社会福利生活。为了不拖累家人，他曾想到过自杀，幸运的是，死神并不想带

走他。后来，苏利文坚持离开父母，搬到了一个半公益半营利性的公寓，他的精神状况也一度十分消沉。

　　生活给予人磨难的同时，也会给他另一种力量。瘫痪的日子里，苏利文便拼命看书。知识给了他重新开始生活的信心。他看到一位犹太作家呼吁他的同胞要勤于劳动的一篇文章，文章中写道："除非犹太人回到自己的土地上，学会如何工作，否则犹太人就不是一个完整的人。"苏利文想："我也要做一个完整的人，我要工作。"他对自己说："受伤前我有10亿个机会，而现在我还有5亿个，至少我的身体还在。"自此之后，苏利文开始了全新的生活。心想："一切从头开始。没有历史，没有记忆，旧的苏利文已经死了。直到现在，我想起他的时候，总感觉他是个外人。"他不仅学着自己穿衣、穿袜，还进入西蒙·弗雷泽大学学习，刻苦攻读，最终成为工商管理硕士。他勇敢挑战生活，还学会了驾驶；他尽自己的努力，为残疾人服务，建立了多个非营利助残团体，发明了多种助残设备，被加拿大政府授予民众的最高荣誉"加拿大勋章"。1993年，苏利文首次参选市议员成功。2005年苏利文又登上了市长的宝座。他的参选成功，和他努力学习广东话不无关系。因为温哥华选民中，超过三分之一都是华人选民。用苏利文自己的话说："我发现我不用周游世界了，因为世界在向我靠近。我的很多选民都讲广东话，我觉得自己很有必要学习这门语言。"苏利文认为会说广东话带给了他很多优势："竞选时我一讲广东话，就会得到华人的掌声和鼓励。而讲英文的候选人，他再怎么声嘶力竭，观众的反应也很冷淡。我有点同情他们了。"在市长参选

中，他几乎得到了所有的华人选票。

从绝望到奋起，一路走来，苏利文勇敢地和命运抗争着，他用自己的行动让天下所有知道，一个人的命运是可以自己把握的！只要你自己充满希望，勇敢向前，世界都不能够放弃你！

身体残疾了，我们还有头脑，有思想，残疾人可以和健全人一样生活，一样独立，而且可以活得更好，可以坚持很多别人无法坚持的！苏利文用坚强的意志和不懈的努力创造了自己的一个人生奇迹！

不要觉得自己有生理缺陷，自己的人生就完蛋了；不要碰到人生的一点挫折，就灰心丧气，甚至退缩了。当一个人挣脱自身的限制和外在的束缚自由、大胆且充实地生活时，他自己的力量甚至会大到让他自己都吃惊。

你是这个世界上独一无二的人，不要说："我很丑，所以我不招人喜欢！"不要说："我失掉了双臂，所以我不能自由生活。"不要说："我性格内向，所以无法从事销售工作！"不要说："我生性胆小，害怕在众人面前讲话，所以做不了演讲家！"不要说："我很穷，所以无法拥有美好的人生！"

借口，所有的都是借口。一个人之所以不能成功，很大原因是他给自己找了诸多借口，用这些借口证明自己无法成功。然而，当一个人从内心认定自己不行，认定自己无法成功的时候，他可能真的不行，真的无法成功了。因为人的潜意识往往就像个不谙世事的孩子，你如何跟他交流，他便完全按照你的思想，你的意思去完成。

一个人外表虽然不美丽，但却可以很快乐；一个人虽然有缺陷，

但他却是这个世上独一无二的，是上帝的独特创造；一个人虽然很贫穷，但他却可以创造富有的世界。当一个人认识到自己的独特价值，认识到自己的内在的巨大潜力的时候，便能冲破诸多限制，创造人生的奇迹。

从现在开始，放开你的思维，闭上眼睛，想象自己毫无限制，完全自由，任何事情都是可能的，提出你的要求：你想成为一个什么样的人？你希望要如何的人生？接下来，想象你已经成为那样的人，拥有那样的人生。随后你会接收到越来越多你所要求和相信的事物。

现实中，人们常常不能正确估计自己的能力，觉得自己不够漂亮，不够聪明，不够有天分，因此，无法去追逐自己的美好梦想。我们也常常被他人眼中的我们蒙蔽双眼，"你不行""你根本无法完成这件事情"……放弃这些负面想法，相信你自己吧，相信你自己拥有神奇的力量。

于丹说："一个人外在的表现与他内心的世界是相辅相成的，一个人心中有什么，他看到的就是什么。"

苏东坡有个好朋友叫佛印。一次，苏东坡去拜访他，正巧他在打坐。苏东坡便学着他的样子坐下来。

一段时间过后，苏东坡便问佛印禅师："禅师，你睁开眼，看看我坐禅的样子怎么样？"

佛印禅师睁开眼，看了看他，不无称赞地说："简直就是一尊佛！"

苏东坡听后非常高兴，随后，佛印禅师便随口问苏东坡："你看

我坐禅的样子怎么样呢？"

苏东坡想借此打趣他一番，便一脸坏笑地说道："哈哈，你坐在那儿就像一堆牛粪。"

佛印禅师什么都没说，也并不生气，只是微微一笑。

在这场论禅中，苏东坡自以为赢了佛印禅师，非常得意，回家便和自己的妹妹苏小妹说起这个事情的过程。这个旷世才女听后，便对苏东坡说："哥哥，你赶紧收起你的话吧！就你这个悟性，还参禅呢？"

苏东坡不解地问道："怎么了，我明明赢了？"

苏小妹说："参禅的人讲究的是见心见性。佛印禅师的心中有佛，所以他看你就像一尊佛。而你呢，心中有粪，所以看佛印禅师才像牛粪。"

境由心造，一个人内心的想法决定了一个人的外在表现。说得更深一些，就是，思想决定人生。

同样的，面对同样的情景，有的人积极乐观，有的人消极抱怨，不同的心态，决定了一个人的不同的人生走向。你有自己的选择，我也有自己的选择，我们可以选择那些令我们失望的东西，可以选择愤怒、抱怨或是苦涩，也可以选择在困境中寻找出路，继续向前，为自己的人生负责。

快乐的心境更能让我们快乐地工作，我们搞好教育工作的前提必须乐观。

小学语文课本里有一篇课文《天游峰扫路人》，扫路老人的乐

在奋斗中蜕变

观、开朗感染了作者，也感染了读者：

天游峰扫路人是一位精瘦的人。他身穿一套褪色的衣服，足蹬一双棕色的运动鞋，正用一把竹扫帚清扫着路面。

……

作者问老人："如今游客多，您老工作挺累吧？"

"不累，不累，我每天早晨扫上上，傍晚扫下山，扫一程，歇一程，再把好山好水看一程。"老人说得轻轻松松，自在悠闲。

在暮色中顶天立地的天游峰，上山九百多级，下山九百多级，一上一下一千八百多级。那层层叠叠的石阶，常常使游客们气喘吁吁，大汗淋漓，甚至望而却步，半途而返。可是这位老人每天都要一级一级扫上去，再一级一级扫下来……

作者估计老人有60岁了，老人却摇摇头，伸出了七个指头，然后悠然地说："按说，我早该退休了。可我实在离不开这里：喝的是雪花泉的水，吃的是自己种的大米和青菜，呼吸的是清爽的空气，而且还有花鸟做伴，我能舍得走吗？"

作者紧紧抓住他的双手说："30年后，我再来看您！"

"30年后，我照样请您喝茶！"说罢，老人朗声大笑。笑声惊动了竹丛的一对宿鸟，它们扑棱棱地飞了起来，又悄悄地落回原处。这充满自信、豁达开朗的笑声，一直伴随我回到住地。

扫山路是那样的平凡，并且很累很枯燥，但老人却能在枯燥中读到快乐，可谓是读来千遍也不厌倦，与扫路老人相比我们能有多少人具有这种洒脱的感觉？

的确，我们的环境存在着很多问题。一是随着基础教育改革的不断推进，对教师的要求越来越高，教师必须适应新的教育思想、观念和方法，必须努力去提高自身的素质和业务水平，这会给自己带来一定的心理压力；二是现在的学生大多数是独生子女，他们缺乏学习的动力，耐挫折能力差，任性、以自我为中心、反叛性强等，这给教育带来了许多不利因素，对待他们，很多老师感到力不从心，并因此而产生焦虑和失败感；三是教师之间在教学业绩、岗位聘用、晋级、评优、收入分配等方面的竞争越来越激烈，容易产生忧虑、紧张和冲突。四是现在的教育体制还存在诸多缺陷，教师没有足够的自由和空间来追求自我实现，他们较高层次的需求无法满足，常有失落感和压抑感……但这些，就是教师们抑郁的原因吗？

走过旧中国、走过"文革"的人，都感叹今天的教育适逢一个开放的多元时代，拥有青春创造的自由。你可以尽情释放你的个性，挥洒你的才情，这是多少代知识分子梦寐以求的环境，我们为什么不能有"好风凭借力，送我上青云"的乐观呢？

有两个人透过窗子向外看，一个人看到的是浑浊的污泥，而另一个看到的却是灿烂的星空。一样的是环境，不一样的只有人。

所以，我们可以化不满、牢骚为力量，这能激发你勇往直前的欲望。对于我们而言，环境不能成为逆境，甚至即使它是逆境，也要变为成功的阶梯——只要我们肩上的责任没有放下。

我是1985年参加工作的最后一批民办教师，每月工资是37.5元，面对高考的失利、命运的不公我也曾抱怨过、沮丧过。但抱怨、沮丧过

后，我想到的是我的工作与责任，工作至今，我始终激励自己，从不敢有半点的懈怠。

《瓦尔登湖》里有一段不朽名言："我不知道有什么比一个人能下定决心改善他的生活能力更令人振奋了。一个人，如果能满怀信心地朝他希望的境地努力进取，他一定会得到意想不到的收获。"

修炼自己的内心。我们不能改变他人，不能改变社会，但我们却可以改变自己的心态。相信自己，积极生活，冲破自我限制，奇迹真的可以有！

第三章　始终相信自己

## 接纳自己

杰克是一个有理想的青年。他喜欢创作，立志当个大作家，像山姆一样。山姆，是杰克崇拜的大作家。

杰克常常在杂志上看见山姆的名字。杰克发现山姆非常高产，并且创作风格多样化，再有从作品涉及的内容看，其人的知识、见识极其广博。

以山姆为偶像，杰克开始了文学创作。慢慢地，杰克也能发表作品了。杰克高兴地创作着，从趋势上看，他是进步的。

然而，写了几年后，杰克沮丧地发现：自己要想赶上山姆，简直是白日做梦。山姆酷似一台创作机器，任意翻开一册新一期的杂志，几乎都可以看见山姆的名字。杰克心想：我就是每天不睡觉，也写不出来这么多的作品。另外，山姆那多样化的创作风格，可以吸引有着不同欣赏癖好的读者；而自己，仅有一种创作风格。最可怕的是，山姆犹如一个无所不知无所不晓的"万事通"，而自己，相比之下，显得懂得太少了。杰克开始怀疑自己了，怀疑自己的才气，怀疑自己的学识，怀疑自己是不是文学创作这块料，怀疑自己能否在这条路上有大发展……在种种怀疑中，杰克信心尽失。慢慢地，他远离了创作。他死心塌地做了一名运输垃圾的司机。在奔向垃圾处理场的路上，杰克老了。

在奋斗中蜕变

这一天，老杰克到一家杂志社去运垃圾，那其实是一些滞销旧杂志。老杰克随手拾起了一册翻了翻，又看见了山姆的名字。忽然，老杰克想跟杂志社的人打听打听山姆。事实上，除了山姆的名字和他的作品，老杰克对山姆本人是一无所知的。杂志社的人笑着告诉老杰克：山姆这个人根本不存在。我们杂志社把作者姓名不详的文章，一概署名为山姆。其他的杂志社也有这个习惯。所以，山姆的名字常常出现在杂志上。

话未说完，老杰克已然惊得不能动弹了。原来，让他信心尽失、理想破灭、一生暗淡的，竟是一个根本不存在的人。

在生活中，我们可以欣赏别人的优秀，努力向别人看齐。但是一定要摆正自己的位置，调整好自己的心态，不盲目攀比，不妄自菲薄，正确对待荣与辱、苦与乐、得与失。记住：拿自己的短处比别人的长处是愚蠢的做法，这往往是自己滋生不快乐的根源！

通向成功的道路有许多条，在不同的行业，人们取得成功所需要的才能和智慧是不一样的。

人对自己的认识并不是一种抽象的概念。它本身就带有一种情感和态度，伴有自我评价的感情，即对自己是好感还是恶意，是满意还是不满意。精神健康要求一个人对自己保持一种接纳态度，而且是一种愉快而满意地接纳自己的态度。即人对自己的一切，不但要充分地了解、正确地认识，而且还要坦然地承认，欣然地接受，不要欺骗自己、拒绝自己、更不要憎恨自己。接纳自己是一种心理状态，与客观环境、本人条件并不完全相关。有些人有生理缺陷，但很乐观；有些

人五官端正，却并不喜欢自己；有些人并不富裕，却知足常乐；有些人有钱有势，却并不觉得快意。

戴尔·卡耐基指出，成功的规律不是说只要接纳自己就能成功，而是说不接纳自己就无法成功。自卑的人虽也看到身边有许多有利条件和时机，但他总认为这些条件和时机是为别人准备的，与自己并不相干，甚至自己根本不接受这些条件和机会。因此，他们就不努力奋斗，也没有和别人竞争的勇气。自卑的人就是这样替自己设置障碍。没有一个人能越过他自己所设置的障碍。许多成功者都很欣赏这样一句话："你所以感到巨人高不可攀，只是因为自己跪着。"不信你站起来试一试，你一定能发现自己并不注定比别人矮一截。许多事情别人能做到的，自己经过努力也能做到，最重要的是接纳自己，对自己要作肯定的评价，对自己的优点和力量要有自觉。

卡耐基强调，你必须学习接受你的人性弱点，这对你非常重要。大多数的人如果冷静地考虑一下，就会知道穷人的悲惨状况。如果在狂热的日子中多想一想，你会关心邻人的问题。

许多人宽恕素昧平生者的错误和过失，但是却无情地面对着他们自己的人性弱点。

15世纪西班牙宗教审判期间，脱凯玛特因残酷无情而在历史上留下恶名，要是你熟悉这段历史，当你在书报上看到他的名字时，你可能会生出厌恶，但是你对自己，也可能像他一样残酷。

你说话因紧张而口吃，你原谅你自己吗？烤焦了面包，把只要煮3分钟的鸡蛋煮了13分钟，你原谅你自己吗？你遗失了一张10美元的

钞票时，你原谅你自己吗？你有一天不如意，发脾气，你原谅你自己吗？

你必须自爱、自重。不然，与生俱来的"成功元素"将不会活动，不能达到真正满意的目标。成功和自怨自艾不可能并存，它们是敌人而非伙伴。

你早上一醒来，在床上揉眼睛时，第一件事是对你自己说："今天我必须自爱、自重。"

一个人做事情，身上的动力很重要。对于命运的主宰能力来说，人在达到一定层面或高度后，特别是获得梦想实现的满足感后，就会开始出现动力上的惰性。这个时候就需要激活，也就是我们常说的受点刺激。人生动力，无非是生存、享受、发展三种，而其中最容易使人变得懒惰的就是享受到发展的过程。

对于一个发展者而言，过去或现在的情况并不重要，将来想要获得什么成就才最重要，除非他对未来没有设想，没有发展目标。

关于人类与其他动物的区别之处，我们过去所强调的人类会制造和使用工具，人类可以进行复杂的思维等等，这些当然都是对的。但我们人类与动物的另一个区别常常被我们所忽略，这就是：只有人类生来就被赋予设想、梦想、希望和愿望以及实现它们的伟大的能力。也就是说，人会为自己设定一个发展目标，然后去努力实现它。

你可以为自己设立一个有价值的发展目标，在实现这个目标的过程中，你可以品尝挑战和拼搏的喜悦，你还可以为发现了一个新的自我而感动。这是一切生物中，唯有我们人类才拥有的一项特权。更重

要的是，这一发展目标会激活我们的内在动力。

对于命运的主宰能力和程度来说，人在达到一定的发展层次之后，特别是进入了享受上的层次之后，就会开始出现动力上的"惰性"。这其实是非常正常的。因此，这个时候就需要进行"激活"，也就是刺激，强烈地刺激。要通过强烈的和有效的刺激，达到对人们的动力调动与唤醒，消除惰性。发展目标就可以担当这个刺激物的作用。

除了发展目标的激活内在动力之外，还有其他的一些因素是我们所必须考虑的。激发人们劳动或者创造的欲望，可以使人产生强大的动力。

有人曾经做过这样一个实验：他往一个玻璃杯里放进一只跳蚤，发现跳蚤立即轻易地跳了出来。再重复几遍，结果还是一样。根据测试，跳蚤跳的高度一般可达它身体的400倍左右，所以说跳蚤可以称得上是动物界的跳高冠军。

接下来实验者再把这只跳蚤放进杯子里，不过这次是立即同时在杯子上加一个玻璃盖，"嘣"的一声，跳蚤重重地撞在玻璃盖上。跳蚤十分困惑，但是它不会停下来，因为跳蚤的生活方式就是"跳"。一次次被撞，跳蚤开始变得聪明起来了，它开始根据盖了的高度来调整自己所跳的高度。再一阵子以后呢，发现这只跳蚤再也没有撞击到这个盖子，而是在盖子下面自由地跳动。

一天后，实验者开始把这个盖子拿掉，跳蚤不知道盖子已经去掉了，它还是在原来的这个高度继续地跳。

三天以后，他发现这只跳蚤还在那里跳。

一周以后发现，这只可怜的跳蚤还在这个玻璃杯里不停地跳着——其实它已经无法跳出这个玻璃杯了。

现实生活中，是否有许多人也过着这样的"跳蚤人生"？年轻时意气风发，屡屡尝试，但是往往事与愿违。屡屡失败以后，他们便开始不是抱怨这个世界的不公平，就是怀疑自己的能力；他们不是不惜一切代价去追求成功，而是一再地降低成功的标准——即使原有的一切限制已取消。就像刚才的"玻璃盖"虽然被取掉，但他们早已经被撞怕了，不敢再跳，或者已习惯了，不想再跳了。人们往往因为害怕去追求成功，而甘愿忍受失败者的生活。

人生动力的内容，就是生存、享受、发展。其中，动力最强大的是生存。因此，要激励人的动力并刺激使之加强，是必需的，越发展越需要刺激。在动力的激励上，要设法永远使之处在生存线这个层面上，永远不让他的生活享受处在稳定状态——可以享受，但就是不稳定、不保险、不安全——他就不得不努力，这种不稳定不是别的，就是一点，只要不努力就会摔下来；这种不安全也不是别的，而是职业与职位不保全，竞争是随时存在的，这样才能迫其好好工作，否则可能出现"生存危机"，至少也是"享受危机"，竞争、诱导和回报的综合办法、系统组合，可以达到这个目的。人是一种高级动物，高级动物也是动物，动物的激励方式有相同性。有些时候，我们是自己把自己太当人了，而制造出了许多错误的理论，从而导致了人的创造力的下降。

记住：要想成功，必须激活自己的动力，消除自己的惰性。重复强调自己的目标，不要动摇和改变，更不能降低，降低就意味着失去意义。自我激励的方法，千万不要丢掉！

在自己的心里建一个加油站，直奔目的地，永不停歇。

在奋斗中蜕变

## 做自己的主人

国外电影里常出现这样的画面：当灾难降临时，主人公首先抓住胸前的十字挂像，然后不停地一边在胸前画十字，一边不停地祷告："主啊，救救我吧！"每当这个时候，我都幻想着也许救世主真的会从天而降把他救走，可是每次结局只有一种，那就是：主人公与十字挂像一同倒在血泊中，到死救世主都没有来。相信上帝的存在是一种信仰，但太过相信就会陷进被动的泥潭，当灾难降临时不采取行动而一味等待上帝的救助，任凭命运的摆布，其结果只能使任事态恶化并走向绝路。当他在呼喊上帝的时候，上帝没有听见，任凭他在死亡线上挣扎，如果他当时奋力挣脱魔爪或者采取相应的措施，也许可以摆脱险境。

如果在遭遇危险或不幸时，把命运交与上天处理，一切相信命里注定，不再采取任何解救的行动，那么结局往往只有一种：失败。相反，如果不相信命运，而相信自己本身的力量，也许结局便是另外一种模样。

然而我们身边的很多人，有时甚至包括我们自己，都把这一生的命运交给了上帝。

上帝是根本不存在的，上帝只不过是人们给自己苦难心灵的一个慰藉，它空洞虚无，当大难来临时它毫无用处，所以，只有自己是自

己的救世主，依靠任何自己本身之外的人和物都是毫无意义可言的。

世上没有什么救世主，如果说有的话，那也只有你自己。

有一个事业非常成功的经理，他把全部财产投资在一种小型制造业上，由于世界大战爆发，他无法取得他的工厂所需要的原料，因此只好宣告破产。后来，他成为一名流浪汉。人生的灾难使他丧失了生存的勇气，有好几次，他都想结束自己的生命。

后来，他看到了一本名为《自信心》的小书。这本书给他带来了一丝活下去的希望，他决定找到这本书的作者奥里森·马登。

当他找到马登，说完他的故事后，马登却对他说："我已经以极大的兴趣听完了你的故事，我希望我能对你有所帮助，但事实上，我却绝无能力帮助你。"

他的脸立刻变得苍白。他低下头，喃喃地说道："这下子完蛋了。"

马登停了几秒钟，然后说道："虽然我没有办法帮助你，但我可以介绍你去见一个人，他可以协助你东山再起。"

刚说完这几句话，流浪汉立刻跳了起来，抓住马登的手，说道："看在上帝的分上，请带我去见这个人。"

于是马登把他带到一面高大的镜子面前，用手指着镜子说："我介绍的就是这个人。在这个世界上，只有这个人能够使你东山再起。除非坐下来，彻底认识这个人，否则，你只能跳到密歇根湖里。因为在你对这个人作充分的认识之前，对于你自己或这个世界来说，你都将是个没有任何价值的废物。"

在奋斗中蜕变

他朝着镜子向前走几步，看到镜中的自己是如此的憔悴、如此的狼狈，他用手摸摸长满胡须的脸孔，不敢相信这就是从前那个意气风发的自己，他禁不住低下头，开始哭泣起来。

几天后，马登在街上碰见了这个人，几乎认不出来了。他的步伐轻快有力，头抬得高高的，他从头到脚焕然一新，看来是很成功的样子。

"那一天我离开你的办公室时，还只是个流浪汉。是你让我在镜子中找到了失落的自己。现在我找到了一份月薪3000美元的工作。我的老板先预支一部分钱给家人。我现在又走上成功之路了。"

生活中，有不少人面对激烈的竞争，常显现出措手不及的惊恐状，面对生活中的种种挫折和困难始终觉得自己是一个弱者，随时都有可能被迫退出人生舞台。

但是，看看我们身边的人和事，我们就会发现，有很多成功的人都是通过自己的刻苦和努力改变了自己，从自己的身上找到了自己的特长，最终走向了成功。

有一个人在大海上航行，突然遇上了强烈的风暴，船沉没了，全船人死伤无数。这个人侥幸地获得一个小小的救生艇而幸免于难，他的救生艇在风浪中颠簸起伏，如同叶子一般被吹来吹去，他迷失了方向，救援的人也没有找到他。

天渐渐地黑下来，饥饿、寒冷和恐惧一起袭上心头。然而，他除了这个救生艇之外，一无所有，灾难使他丢掉了所有，甚至自己的眼镜。他的心灰暗到了极点，他无助地望着天边，此时，他是多么渴

望上帝这个救世主能来到他身边，把他从黑暗中救出去啊，但是时间过了很久，周围依然毫无动静。正在他绝望的时候，忽然看到一片片阑珊的灯光，他高兴得几乎叫了出来。这个灯光使他想到了家里的灯光、妻子还有可爱的孩子，想到了年迈的父母，想到他们曾经对他说过的一句话："你是你自己的救世主。"——这句年轻时激励他从困境中走出来的话。他想这次他也可以拯救自己，于是，他奋力地划着小船，向那片灯光前进。

三天过去了，饥饿、干渴、疲惫更加严重地折磨着他，好多次他都觉得自己快要崩溃了，但一想到亲人，想到那句话，他又陡然添了许多力量。第四天的晚上，他终于划到了岸边，此时，他已经不吃不喝地在海上漂泊了四天四夜，当有人惊奇地问他是否有人帮助他脱离了困境时，他很骄傲地说："没有任何人，是我自己。"

是的，你是你自己的救世主，除此之外，没有其他。

在奋斗中蜕变

# 了解自己

太多的悲剧，来源于我们不认识自己，不了解自己所处的地位，不了解我们自己是很脆弱的。我们应该多关注一下自身，找出自己原有的本色。不要让它变色，变了色的自己将不再美丽。不要去管别人如何，问问自己，不要因为别人而埋没了自我。那样你只会生活在苦恼和迷茫之中。

以自我为中心，你会发现生活的一切都是在围着你转，想要活得轻松、活得开心，就一定要活出自己。你没有必要为了别人而改变自我，或者让自己按照别人的方式生活。你只要做你想做的事，不论好坏，你都可以自己创造自己的小花园；不论好坏，你都可以在自己生命的交响乐中，演奏你自己的小乐器。走自己的路，让别人说去吧！

蜚声世界影坛的意大利著名电影演员索菲亚·罗兰，能够成为令世人瞩目的超级影星，是与她敢于保持自我本色的勇敢性格分不开的。

她依靠自己独特的外貌和热情、开朗、奔放的性格，而得到了人们的喜爱和赞许。当时很多观众都这样评价她："瞧，她的鼻子多难看啊！长的都破了五官了，真是不明白当初导演为什么找她拍电影，简直就是在丑化观众的审美观。"当时，导演曾经要求罗兰去做整容手术，就是把鼻子缩短一点，那样看上去就与别的女演员没什么不同

了。罗兰拒绝了这一要求，她对导演说："你或者用我，或者不用，这是你的自由。但是我做不做鼻子也是我的自由。"就这样，她坚持了下来，并坚信自己一定有出人头地的一天。

此时，导演也被罗兰的勇气和坚持而打动，对罗兰刮目相看。导演开始放弃自己的观点，相信面前这个相貌独特的女孩会带来非凡的成功。有了导演的信任，罗兰更加努力地演戏，她表现出了更加坚强的自信。很快，她独特的外表让更多的人记住了她，同时她还不断锻炼自己的演技，希望可以从演技上真正打动观众。于是，她在表演的时候表现出热情、奔放、自我的性格。

后来她一直坚持按照自己的风格拍电影，拍得多了，人们也不觉得怎么难看了，反而觉得她和别的明星没有什么不一样。正是她独特的外貌让人们有了新的审美观，渐渐地人们觉得她拍的东西里透着她本身的性格，那是纯真、热情以及奔放。而罗兰则认为正是因为她的长鼻子，才让自己的脸变得很有特点，也才让自己形成了独特的风格。

付出就有收获，最终，罗兰荣获了奥斯卡金像奖——最佳女演员奖。她的一位影迷当时这样对记者说："我关注罗兰很多年了，从她刚拍电影，我就一直关注她，当时因为她的鼻子大，我有点不太喜欢她。但是，很多年过去了，我发现她的每一部电影都给我全新的感觉，她用自己的演技给我展示了一个崭新的电影世界。因此，到如今我已经无法离开她的电影了。因为，我已经被她那坚持自我本色的精神打动了。"

索菲亚·罗兰成了耀眼的明星，但她的成功不是因为她有姣好的容貌和优美的身材，而是因为她拥有自信。你永远不要企求全世界的人都会赞美你，因为就连上帝都有人反对，不是吗？所以，别人看得起你，不如自己看得起自己。只有相信自己的价值，充分认识自己的长处，才能保持奋发向上的劲头。

　　"保持自我本色，什么也不要改变！"这一想法在罗兰的思想里成长并形成了。

　　但是要想保持自我，一定要有充足的自信和勇气。只有抛开世俗的眼光，充分表现自己与众不同的地方，才能得到和别人不一样的收获。

　　安吉罗·帕奇是个在幼儿教育方面颇有造诣的专家，他曾写过30本有关幼儿教育的书，还在报上发表了数以千计的文章。他对幼儿教育一贯的主张就是：让孩子始终保持自我，不要刻意去改变孩子的本性，顺其自然是最好的教育方法。

　　世界著名歌星金·奥特雷刚出道的时候，认为自己的德克萨斯口音很难听，他一直希望可以改掉它，希望自己像个城里的绅士。同时，他还对外宣称自己是纽约人，结果大家在他背后笑他。后来他不再关注自己的口音，而是开始关注自己的歌唱事业，关注五弦琴。他唱西部乡村歌曲，开始了他那了不起的演艺生涯，最后成为全世界在电影和广播两方面最有名的西部歌星。

　　世界著名喜剧表演艺术家卓别林开始拍电影的时候，有很长一段时间，导演都坚持要卓别林去模仿当时特别有名气的一个演员，但是

卓别林却坚持按照自己的方法表演，因此，还差点遭到导演的辞退。几年之后，卓别林凭着自己独特的表演方式，一举成为当时最受欢迎的演员。

"他们都想做二流的拉娜·透纳或者三流的克拉克·盖博。其实观众早已受够了这一套，"好莱坞著名的导演之一山姆·伍德说，"他们需要点新鲜的，不需要那种装腔作势的人。"这是山姆·伍德在启发一些刚入行的演员时，所碰到的最头痛的问题。其实，让他们保持本色就是最好的，可是这往往很难。

根据这样的局面，山姆·伍德培养了一套推销员的方法，他认为：正如一个推销员一样，一个演员的最终目的也是将自己推销出去。如此一来，完全模仿别人将很难出人头地。他说："经验告诉我，尽量不用那些模仿他人的演员，这是最保险的方法。"

在这个世界上，你是一个与任何人都不同的崭新的个体，你应该为此而自豪，应当尽量利用大自然所赋予你的一切。其实，你完全不必做他人，你只要做你自己，做一个最好的自己，成功自然就会来临。

爱默生在他的散文《自信》里说："在每一个人的成长过程之中，他总有一天会明白，羡慕就是无知，模仿就是自杀。不管好坏，他必须保持自我本色。虽然广大的宇宙之间充满了好的东西，但是除非他耕作那一块给他耕作的土地，否则他绝得不到好的收成。上天赋予你的能力是独一无二的，除了你自己之外，没有人知道你能做出些什么，你能知道些什么，而这都是你必须去尝试求取的。"

著名诗人道格拉斯·马罗区这样写道：

"如果你不能成为山顶一棵挺拔的青松，

就做一丛生长在山谷中的小树，

但须是最好的一棵。

假如你不能成为一棵参天大树，就做一片灌木丛林吧。

如果你不能成为一丛灌木，就做一棵绿草，

让公路上也有几分欢娱的颜色。

如果你不能做船长，总有人当海员。

世上有的事情，多得做不完，

不管这是大事，还是小事，

我们总有自己分内的工作。

如果你不能做一条公路，就做一条小径。

如果你不能做太阳，就做一颗星星。

无论你做什么都要做最好的一名，

平安快乐、消除忧虑的一个规则：

不要模仿别人，发现自我，保持本色。"

## 用心打造"一见钟情"

人行于世，总希望和别人和和气气、快快乐乐地相处，某种程度上，这也是做好人办好事的前提。俗话说得好："得人心者得天下。"一个能让人打心眼儿里喜欢的人，可以在社会上左右逢源。人有百种，各有所好。若能做到让人人都喜欢，就不是一般的能力了。世间有这种能力的人可以更快地完成自己的追求，并获得他人的认可，一举两得。

如果想让人对你有好感，首先要看得顺眼才行。赏心悦目的外表和优雅温和的举止可以打造"一见钟情"的印象，让人过目不忘。

"以貌取人"是个贬义词，但外貌装扮始终是衡量人印象好坏的主要尺度。优雅温和的举止，则是内在涵养的体现。在平时的人际交往过程中，人的第一印象往往是最深刻的。所以，我们一定要注意自己的第一印象。

如果一个人能做到与人初次见面就达到一见如故的程度，那可真是妙之又妙，当然这样的人也少之又少。也许很多东西第一次见面还不好体会，但至少一个人的表情还是可以传达友好的信息的。例如：微笑。

微笑是沁人心脾的佳酿。好的沟通绝对离不开微笑，与陌生人的交往更是如此。如果你板着一张面孔同陌生人交往，很可能让别人觉

在奋斗中蜕变

得你拒人于千里之外，那还怎么让人家亲近你呢？

微笑是一种极为丰富多彩的表情语言，是自我魅力的外在表现，在人际交往中发挥着举足轻重的作用。

2008年北京奥运会虽然过去了，但是数以百万计的志愿者他们那亲切迷人的微笑却传遍了全世界，为中国国际印象的提升做出了极大的贡献。这样的微笑是真诚而友好的，这样的微笑是跨越了一切隔阂的，这样的微笑已经不只是一个微笑，它是一种力量，一种吸引人、吸引成功的力量。

在我们的日常生活中，不相识的人因为微笑而相识；闹别扭有误会的朋友再次见面，因为一个真诚的微笑，就很可能让彼此冰释前嫌。微笑，可以缓和气氛，拉近距离，一个没有笑容的世界简直就是人间地狱。而一个不会微笑的人，就仿佛一座冰山，让人望而却步，还怎么可能让人喜欢呢？

一个微笑不仅仅只是一个微笑，在一个适当的时候、恰当的场合，一个简单的微笑可以创造奇迹；一个简单的微笑可以使陷入僵局的事情豁然开朗。

微笑是人内在涵养和性格的体现，是幸运的使者，是成功的推动器。让我们在真实的故事中来体会微笑的价值吧。从中我们就不难体会，微笑的背后还有成功的眷顾。

有人说著名推销员休华普的微笑价值百万美元，这句话一点也不夸张，他的成功，就是凭他个人的人格魅力和不懈努力获得的。他那魅力十足的微笑，可以说是他受欢迎的最主要因素之一。也正是因为

微笑，而使得他的事业上了新的台阶。

由此可见，一个会心的微笑与渴望已久的成功之间有着多么美妙的关系。就像著名的推销大师原一所说："微笑可以消除对方的戒心，容易打开僵局。"可以说，世界上再没有一个比微笑更能简单的达到目的的事了。微笑是传达善意的使者，是走遍天下的通用语言。

一些人不懂得利用微笑的价值，实在是不幸的。

因为，微笑在社交中能发挥极大的效果：无论在家里、办公室，还是在途中遇到朋友，只要你不吝惜微笑，立刻就会显示出意想不到的良好效果来。难怪有许多专业推销员，为了拥有极具亲和力的微笑，每天清早洗漱时，总要花个两三分钟时间，面对镜子训练，视之为每天的例行工作。这是职业的要求，也是培养个人魅力的有效方式。

微笑在工作和事业中的贡献之大、影响之大是大家有目共睹的。

美国联合航空公司宣称，他们的天空是一个友善的天空、微笑的天空。的确如此，他们的微笑不仅在天上，在地面上就已经开始了。

有一位叫珍妮的小姐去参加联合航空公司的招聘，她没有任何"后门"关系，完全是凭着自己的本领去争取。她被录取了，原因就是她的脸上总是带着微笑。令珍妮惊讶的是，面试的时候，主试者在讲话时总是故意把身体转过去背着她，你不要误会这位主试者不懂礼貌，他是在体会珍妮的微笑，感觉珍妮的微笑，因为珍妮的工作是通过电话进行的。那位主试者微笑着对珍妮说："小姐，你被录取了。你最大的资本就是你脸上的微笑。你要在将来的工作中充分运用它，让每一位顾客都能从电话中感受到你的微笑。

这就是微笑的力量，也许你不曾真实的看见它，但可以从对方的言语声调中去体会、感觉它，面带微笑交流的时候，给对方的感受是截然不同的。同时，微笑又是吸引他人的磁石。当客人来访或是你走进一个陌生的环境，由于陌生和羞涩，你往往会端坐不语或拘谨不安。此时，你若微笑，就能使紧张的神经松弛，消除彼此间的戒备心理和陌生感，相互产生良好的信任感和亲近感，无形中加深别人对你的好印象。

微笑，伴幸福而发，随喜悦而生。只要你时时超越自我情绪的困惑，你就能保持轻松愉快的心情，你的面孔也会因此而展现幸福的笑，并感染他人，而且他人的微笑又反过来强化你的愉悦和微笑，形成人与人之间良性的人际关系循环。

对初次见面的人，请展现你迷人的微笑。为自己的好人缘开个好头儿。众所周知，有一个好人缘，什么事情都好办。

如果在与人相处的过程中，能够再做到容纳和承认这两点的话。那么就基本达到了好人缘的要求。之所以要容纳，是因为每个人都希望被别人完整的接受，做一个能给大家带去轻松和自在的人，自然会被很多人喜欢。之所以要做到承认，是因为承认对方是一种积极的相处表现，是对对方优点的真诚肯定而绝非忍耐。

戴尔·卡耐基说："人的成功只有百分之五靠专业技能，百分之九十五靠人际关系。"做到了微笑，容纳，承认这三点，你就会成为一个受人欢迎的人，成为一个有良好人际关系的人，一个离成功很近的人。

## 付出总会有收获

俗话说得好："种瓜得瓜，种豆得豆。"给人关爱，自己获得的也会更多。所以说，善良，也是一种策略。

一棵苹果树，终于结果了。

第一年，它结了10个苹果，9个被拿走，自己得到1个。对此，苹果树愤愤不平，于是自断经脉，拒绝成长。第二年，它结了5个苹果，4个被拿走，自己得到1个。"哈哈，去年我得到了10％，今年得到20％！翻了一番。"这棵苹果树心理平衡了。但是，反之它还可以这样：继续成长。譬如，第二年，它结了100个果子，被拿走90个，自己得到10个。很可能，它被拿走99个，自己得到1个。但没关系，它还可以继续成长，第三年结1000个果子…… 其实，得到多少果子不是最重要的，最重要的是，苹果树在成长！等苹果树长成参天大树的时候，那些曾阻碍它成长的力量都会微弱到可以忽略。真的，不要太在乎果子，成长是最重要的。

我们刚开始工作的时候，可能才华横溢，意气风发，相信"天生我才必有用"。但现实很快敲了我们几个闷棍，或许，我们为单位做了大贡献没人重视；或许，只得到口头重视但却得不到实惠；或许……总之，我们觉得就像那棵苹果树，结出的果子自己只享受到了很小一部分，与我们的期望相差甚远。于是，我们愤怒、我们懊恼、

我们牢骚满腹……最终，决定不再那么努力，让自己的所做去匹配自己的所得。几年过去后，我们一反省，发现现在的我们，已经没有刚工作时的激情和才华了。"老了，成熟了。"我们习惯这样自嘲。但实质是，我们已停止成长了。这样的故事，在我们身边比比皆是。之所以犯这种错误，是因为我们忘记生命是一个历程，是一个整体，我们觉得自己已经成长过了，现在是到该结果子的时候了。我们太过于在乎一时的得失，而忘记了成长才是最重要的。好在，这不是金庸小说里的自断经脉。我们随时可以放弃这样做，继续走向成长之路。不论遇到什么事情，都要做一棵永远成长的苹果树，因为你的成长永远比每个月拿多少钱重要。

"人生知己最难求"。认识一个人是容易的，但要真正理解一个人却很难。虽然如此，但是，替别人设身处地地想一想，这倒是每一个人都可以做到的，同时这也显示了人们豁达的品质。

生活中时不时会发生这种情形：对方或许完全错了，但他仍不以为然。在这种情况下，不要指责他人，因为这是愚人的做法。你应该尝试去理解他，而只有聪明、宽容的人才会这样去做。对方为什么会有那样的思想和行为，其中自有一定的原因。探寻出其中隐藏的原因来，你便会得到了解他人行动或人格的钥匙。而要找到这种钥匙，就必须诚实地将自己放在对方的立场上。

假如你对自己说："如果我处在他的困难中，我将有何感受，有何反应？"这样你就能消除许多烦恼，也可以掌握许多处理人际关系的技巧。

那么怎样做才算是真正地为他人着想呢？让我们来看一个小故事来体会这点，相信大家都会有不同的收获。

卡耐基有在公园散步的习惯。他很爱护树木，所以每当他看见一些小树被人为烧掉时，就非常痛心。这些失火事件不是由粗心的吸烟者所致，大多都是由到园中野炊的孩子们引起的。有时这些火蔓延得很凶，以致必须叫来消防队员才能扑灭。公园边上有一块布告牌，上面写道，凡引火者应受罚款及拘禁。但这布告竖在偏僻的地方，很少有人能看见它。有一位骑马的警察在照看这一公园，但他对自己的工作不大认真，火灾仍然时有发生。

有一次，卡耐基跑到一个警察身边，告诉他一场火灾正急速在园中蔓延着，要他通知消防队。警察却冷漠地回答说，那不是他的事，因为不在他的管辖范围内。卡耐基急了，所以从那时起，卡耐基自愿承担起保护公共场所的责任。最初，他没有试着从儿童的角度来对待这件事。当他看见孩子们在树下起火野炊时非常不快，急于想做出正当的举动来阻止他们。他上前警告他们，用威严的声调命令他们将火扑灭。如果他们拒绝，他就恫吓要将他们交给警察。这只是在发泄情感，而没有考虑孩子们的想法。结果呢？那些儿童遵从了——怀着一种反感的情绪遵从了。但当他离开以后，他们又重新生火，并恨不得烧尽公园。卡耐基的做法获得了适得其反的效果。

多年以后，卡耐基增长了一些有关人际关系学的知识，再遇到类似事情的时候，他不再发布命令不再威吓孩子，而是走到火堆前，向他们说道："孩子们，这样很惬意，是吗？你们在做什么晚餐？……

当我是一个孩童时，我也喜欢生火。但你们应该知道在这公园中生火是极危险的，我知道你们不是故意的，但别的孩子们不会是这样小心，他们过来见你们生了火，也就会学着生火，回家的时候也不扑灭，以致使火焰在干树叶中蔓延，以致烧毁了树木。没有了树林以后要去哪里玩呢？我不干涉你们的快乐，但请你们将树叶扒得离火远些——在你们离开以前，要小心用土盖起来，下次你们取乐时，请你们在山丘那边沙滩中生火好吗？那里不会有危险。多谢了，孩子们。祝你们快乐。"

这种说法产生的效果就不同了，它使孩子们产生了一种同你合作的欲望，没有怨恨，没有反感。他们没有被强制服从命令，保全了面子。他们觉得好，觉得这些话完全是在为他们自己着想。当然，卡耐基也感觉很好，因为他在处理这件事情时，考虑了孩子们的想法。

就像富兰克林说过的："如果自家的窗户是玻璃的，就不要向邻居家的窗户扔石头。"当你学会换位思考的时候，就会在遇到问题时多站在别人的角度看问题，设身处地地为别人着想，然而只有我们做到这些的时候，我们才能够更多地理解别人、宽容别人，也才能够顺利又和谐地解决问题。毕竟责备和埋怨都不是我们所需要的东西，只有从根本上解决问题才是我们的最终目的。

在生活中学会换位思考，当遭遇挫折时，不妨化消极为希望，阳光就会向你微笑。

当我们学会并做到换位思考的时候，我们会发现原来生活其实很美好，每一天的心情都是很好的；在工作中，要学会换位思考，当受

第三章　始终相信自己

到领导的批评时，不妨反思一下自己工作中的不足，听进他人之言，虚心改进，工作就会变得得心应手、游刃有余。即使与同事发生矛盾，也能化干戈为玉帛，重建良好的友谊。

　　总之，如果你习惯站在他人角度看待问题，那么你很可能得到一颗成功的种子，善加管理、耐心呵护一定会开出漂亮的花朵，结满甘甜的果实。

在奋斗中蜕变

## 平和者的人生没有 "滑铁卢"

人生如海，总有沉浮，沉时冷，浮时静。

一个人活着，活得是否滋润，是否真实，取决于本人修养，抑或说心性。心态平和者，无论遇到什么事，都不会大喜大悲。

每一年的每一天，无论心性如何，不管境遇怎样，生活赋予你的酸甜苦辣，你都得承受，因为这就是生活。

每一年的每一天，无论心性如何，不管境遇怎样，岗位上属于你自己的活儿，你得天天去干，因为这就是工作。

用平和的心态赢得胜利——从心理学角度而言，有了自信，有了平常心，一个人就不会把自己视为生活的机器、工作的奴隶。他会注意到身体生理机制的调节，该休息时就休息，该努力时就努力，他不会与时间赛跑，但却可以取得事半功倍的效果。

在经商的过程中，成功的商人多，失败的商人也多。许多人第一次失败时，不是积极反省，而是怨天尤人，结果终于失去了再次成功的希望。而有的人或许一开始就面临失败的诸多因素，但他们从不怨天尤人，而是脚踏实地地奋力拼搏，最终到达了胜利的彼岸。反差这么大，就是因为是否保持一颗平和的心。

1935年4月，罗斯经营了五年多的化肥厂宣布停产，公司的倒闭对于罗斯来说打击太大了。这时他已经48岁了，拖着两条像灌满了铅的

腿，垂头丧气地回到了家里，突然有许多从未想过的问题——关于生命、金钱、人生的价值，还有活着的意义，一时间塞满了罗斯的整个思绪。但是，他并没有怨天尤人，而是选择了艰难的开始重新生活。

为了还债和生活，罗斯背上空空的行囊踏上了前往阿拉斯加的路途。当罗斯来到人潮汹涌的码头时，被眼前的景象惊呆了。不要说劳务市场里人山人海，就连附近一些还未竣工的楼房里，都东倒西歪地躺满了没找到活的民工，看到这些衣衫褴褛的落魄民工，谁都会禁不住倒吸一口凉气。

尽快找到一份工作，这是罗斯唯一的愿望。然而当时正值生产的淡季，绝大部分工厂不招工，奔波了数天的罗斯一无所获。由于兜里的资金有限，他不得不离开了那家一个晚上15美元租金的小旅馆。当时露宿街头是十分危险的，在昏黄的灯光下，罗斯终于在一个立交桥下的桥洞里找到了住处。为了生存，罗斯开始了捡垃圾的工作。一分汗水一分收获，罗斯平均每天可以挣60美元左右。可是，随着"拾荒队伍"不断地扩大，"货源"一天一天地减少，有时挑着担子跑了几十里，收获却寥寥无几。

这时，已有1万美元的罗斯发现街头有几家俄罗斯烤羊肉串，便也照葫芦画瓢地干了起来。刚开始时，罗斯的生意不如那些俄罗斯人好，但他肯动脑筋，知道顾客对餐饮最关心的就是卫生。所以，他把自己的衣服洗得干干净净，烧烤用具擦得锃光瓦亮，盘子里的羊肉串摆得整整齐齐。这一招很有效，人们开始拥向罗斯的烧烤摊。这时，他又在质量上下功夫，不仅向同行学习，还向顾客请教，结果罗斯烤

在奋斗中蜕变

出的羊肉串，清洁卫生，香气扑鼻。后来，罗斯的摊位由一个增到两个、三个……随着规模的不断扩大，他的烧烤店成了阿拉斯加街头颇有影响的烧烤点，最后他创办了罗斯羊肉食品公司。

罗斯的成功关键在于失败时候不但没有气馁，还保持了敏锐、冷静的情绪，一颗看透得失的平常心。失败是难免的，生意失败了就应该像他这样不气馁，不服输，不怨天尤人，抱一颗平常心探询商机。

老子就曾经说过："胜人者力，胜己者强。"

这就是说，能战胜别人的人只是有力量，能战胜自我、超越自我的人才是真正的强者。商人要在市场经济条件下做到从失败中走出来，首先要战胜自我，更新观念，转变思路，把抱怨化成行动的力量。在超越中实现心理的升华，看淡人生起伏何得失，做到宠辱不惊，越是艰难而关键的时刻，越需要这样冷静又过硬的心理素质。

一位哲学家带着一群学生去漫游世界。十年间，他们游历了所有国家，拜访了所有有学问的人。现在他们回来了，个个满腹经纶。

进城之前，哲学家在郊外的一片草地上坐下来，说："十年游历，你们都已是饱学之士，现在学业就要结束了，我们上最后一课吧！"

弟子们围着哲学家坐了下来。

哲学家问："现在我们坐在什么地方？"

弟子们答："现在我们坐在旷野里。"

哲学家学又问："旷野里长着什么？"

弟子们说："旷野里长满杂草。"

哲学家说："对，旷野里长满杂草，现在我想知道的是如何除掉这些杂草。"

弟子们非常惊愕，他们都没有想到，一直在探讨着人生奥秘的哲学家，最后一课问的是这么简单的一个问题。

一个弟子首先开口，说："老师，只要用铲子就够了。"哲学家点点头。

另一个弟子接着说："用火烧也是一个很好的办法。"哲学家微笑了一下，示意下一位。

第三个弟子说："撒上石灰就会除掉所有杂草。"

接着讲的是第四个弟子，他说："斩草除根，只要把根挖出来就行。"

等到弟子们都讲完了，哲学家站了起来，说："课就上到这里了，你们回去后，按照各自的方法去除一片杂草，一年后再来相聚。"

一年后，他们都来了，不过原来相聚的地方已不再是杂草丛生，它变成了一片长满谷子的庄稼地，弟子们围着谷地坐下，等待哲学家的到来，可是哲学家始终没有来。几十年后，哲学家去世，弟子们在整理他的言论时，私自在最后补了一章：想要除掉旷野的杂草，方法只有一种，那就是在上面种上庄稼；同样，要想让灵魂无纷扰，唯一的方法就是用美德去占据它。

读了这个故事，我们深深地感佩哲学家的伟大和学生们的聪颖。人不因为知识的饱学而存在，也不因智慧的增长而存在，而是人格的

建树、精神的挺立才是一个人真正存在的价值。用美德"占据"心灵的旷野，我们的心灵才无尘津、无污秽、无纷扰。

一个人的心里没有大得大失，没有大喜大悲，听来有点像是有极深修行的大师，其实是一种风雨考验后的升华与获得，是极其宝贵的人生财富。

平和者的人生没有"滑铁卢"。

# 第四章
# 你为什么会成功

每次我有成功感时，麻烦就来了。大家只看到我们的成功，但事实上背后我们犯了一千个错。

——马云

## 成败乃一念之差

哥伦布发现新大陆以后，很多贵族不服气。哥伦布拿来一个熟鸡蛋，让他们在镜面上竖起来。

贵族们竖了很长时间，没有一个成功。

哥伦布拿过鸡蛋，使劲在镜子上敲了一下，鸡蛋立住了。

贵族们一个个哑口无言。

为什么哥伦布能，而其他人不能？这正如史宾塞所说："善恶乃一念之间，悲欢贫富亦复如此。"

善于思考是由敢想和会想两个方面构成的，那些成功的人大都因为具备了这两方面，所以才有惊人之举，因为敢想才能敢干，会想才能巧成。

当别人失败时，你如果可以从他人的失败中得出正确的想法，并继之以行动，你就有可能成功。当你自己失败了，你也只要转换一个正确的想法，紧跟以一个行动，你同样可以获得成功。

1939年，美国芝加哥北密歇根大道的办公楼群可以说是惨不忍睹。每一座豪华的大厦里面都是空空如也，没有一丝忙碌的气氛。一座楼出租了一半就算是幸运的。这是商业不景气的一年，消极的心态像乌云一般笼罩在芝加哥不动产的上空。那时，人们常常能听到这样一些论调："登广告毫无意义，根本就没有钱。"或"我们没有必要

工作了。"然而就在这时，一位抱着积极心态的经理进入了这个景象黯淡的地区。萧条的景象反而给了他一个奇特的想法，而他也毫不犹豫地依着这个想法行动了起来。

这个人受雇于西北互助人寿保险公司来管理该公司在北密歇根大道上的一座大楼，公司是以取消抵押品所有权而获得这座大楼的。他开始做这份工作时，这座大楼只租出了10%。但不到一年，他就使它全部租出去了，而且还有长长的待租人名单送到他的面前。为什么短短时间内情况会发生这么巨大的变化呢？记者采访他时，他介绍了他对整件事情的思考：我准确地知道我需要什么。我要使这些房间能100%租出去，在当时的情况下，要做到这一点是很难的。因此我要把工作做到万无一失，必须做到下列五点：

1.要选择称心的房客。

2.要激发吸引力：给房客提供芝加哥市最漂亮的办公室。

3.租金一定要比他们现在所付的房租低5%。

4.如果房客按为期一年的租约付给我们同样的月租，我就对他现在的租约负责。

5.除此之外，我要免费为房客装饰房间。我要雇用富有创造力的建筑师和内装工，根据新房客个人好恶来改造装饰每一间办公室，使他们真正满意。

我通过推理得到下列三个方面的认识：

第一，如果一个办公室在以后几年中还不能出租，我们就不能从那个办公室得到收入。我们到年底可能得不到什么收益，但这种情况

总不会比我们没有采取任何行动时的情况更糟。而我们现在的境况应该更好，因为我们满足房客的需要，他们在未来的年份中会准时如数地交付房租。

第二，而且出租办公室仅以一年为基数，这是已经形成了的习惯。在大多情况下，房间仅仅只空几个月，就可接纳新的房客。这样，我们就有可能在尽可能短的同期内得到新的租金。

第三，在一所设备良好的大楼里，如果一个房客一定要在他租约期满的那一年的末了退租，也比较易于再租。免费装饰办公室也不会得不偿失，因为这会增加全楼的附加价值。结果证明，装修后的效果十分不错。每一个新近装饰过的办公室似乎都比以前更为富丽堂皇。房客都很热心，许多房客花费了额外的金钱。有一个房客在改建施工任务中就花费了22000美元。

不妨让我们对整个过程再回顾一次，从而能获得更为清晰的了解及更深刻的认识。有一个人面临着一个严重的问题。他手上有一座巨大的办公大楼，可是这座大楼十分之九的办公室都是空闲未被租用的。然而，在一年内这座大楼便100%出租了。现在，就在隔壁，仍有几十座大楼是空荡荡的。而造成这天壤之别的决定性因素就是经理人不同的思考角度及不一样的心态。

一种人说："我有一个问题，那是很可怕的。"

另一种人说："我有一个问题，那是很好的！"

如果一个人能够抓住他的问题尚未显露时的好机会，洞察它并寻求解决，那么，他就是懂得正确思考之要义的人。如果一个人能形成

一种有效的想法，并紧接着付诸实践，他就能把失败转变为成功。

成功是"想"出来的。只有敢"想"、会"想"、善于思考、思考成功、思考未来的人，才会是成功的候选人。如果一个人善于思考，那么他就可以把别人难以办成的事办成，把自己本来办不成的事情办成。

在奋斗中蜕变

# 成功=正确的思考方法+信念+行动

一个有信念人，所发出来的力量，不下于99位仅心存兴趣的人。这也就是为何信念能开启卓越之门的缘故。

当我们内心相信，信念便会传送一个指令给神经系统，我们便不由自主地进入信以为真的状态。若能好好控制信念，它就能发挥极大的力量，开创美好的未来；相反，它也会让你的人生毁灭。是信念帮助我们挖掘出深藏在内心的无穷力量。

安东尼曾经这样分析过，成功需要七种特质：

特质一：热情。成功者一直有一个理由，一个值得付出。激起兴趣。且长据心头的目标，驱使他们去实行。追求成长和更上一层楼。

特质二；信念。世上每一本宗教典籍都是在诉说信仰和信心带给人类的力量和影响，成功者与失败者的信念就是截然不同，而我们现在对自我评断的信念往往就支配了我们的未来。

特质三：策略。策略就是组全各种才能的计划。

特质四：清楚的价值观。

特质五：活力。

特质六：凝聚力。绝大多数的成功者都有一种凝聚众人的超凡能力，这种能力可以把不同背景、不同信仰的一群人聚合在一起，建立共识，齐一行动。

特质七：善于传送讯息。

如果一个人能够控制好自己的信念，就能敲开成功之门。

蒙提·罗伯兹的父亲是位马术师，他从小就必须跟着父亲东奔西跑，一个马厩接着一个马厩、一个农场接着一个农场去训练马匹。

由于经常四处奔波，他的求学过程并不顺利。初中时，有次老师叫全班同学写报告，题目是"长大后的志愿"。

那晚蒙提洋洋洒洒写了七张纸，描述他的伟大志愿，那就是想拥有一座属于自己的牧马农场，并且仔细画了一张200亩农场的设计图，上面标有马厩、跑道等的位置，然后在这一大片农场中央，还要建造一栋占地4000平方英尺的巨宅。

他花了好大心血把报告完成，第二天交给了老师。两天后他拿回了报告，第一页上打了一个又红又大的F，旁边还写了一行字：下课后来见我。

脑中充满幻想的蒙提下课后带着报告去找老师："为什么给我不及格？"

老师回答道："你年纪轻轻，不要老做白日梦。你没钱，没家庭背景，什么都没有。盖座农场可是个花钱的大工程；你要花钱买地，花钱买纯种马匹，花钱照顾它们。你别太好高骛远了。你如果肯重写一个比较不离谱的志愿，我会重打你的分数。"

蒙提回家后反复思量了好几次，然后征询父亲的意见。父亲只是告诉他："儿子，这是非常重要的决定，你必须拿定主意。"

再三考虑好几天后，蒙提决定原稿交回，一个字都不改。他告诉

在奋斗中蜕变

老师："即使拿个大红字，我也不愿放弃梦想。"

蒙提后来真的拥有了200亩农场和占地4000平方英尺的豪华住宅，而且那份初中时写的报告至今还留着。

后来，那个老师带了30个学生来蒙提的农场露营一星期。离开之前，他对蒙提说："说来有些惭愧。你读初中时，我曾泼过你的冷水。这些年来，我也对不少学生说过相同的话。幸亏你有这个毅力坚持自己的梦想。"

第四章　你为什么会成功

## 成功在于不懈的努力

人们常常惊异于文艺家的创造性才能，爱用"天才"和"灵感"这样的术语，去解释他们的智力。其实，他们的智慧，虽然与观察、记忆、想象、美感能力有关，但是，影响其成才的条件，并非都是智力作用的结果。布封有句名言："天才即耐心。"高尔基说："天才就是劳动。"歌德说："天才所要求的最先和最后的东西，都是对真理的热爱。"海涅说："人们在那儿高谈阔论着天才和灵感之类的东西，而我却像首饰匠打链那样的精心地劳动着，把一个个小环非常合适地联结起来。"

显然，"精心劳动"，"耐心"，热爱真理，勤奋，对工作的坚持性，都在实践中促进了作家智力的发展。可见，在研究成功者的智能结构的时候，不能忽略其非智力因素。

非智力因素，又叫人格因素。俗话说："勤能补拙"。只要勤奋学习、坚持不懈，愚笨的人也可以变得聪明起来。有学者曾查阅过世界上53名学者（包括科学家、发明家、理论家）和47名艺术家（包括诗人、文学家、画家）的传记，发现他们除了本人聪慧以外，还有以下共同的人格品质。

勤奋好学，不知疲倦地工作；为实现理想，勇于克服各种困难；坚信自己的事业一定成功；争强好胜，有进取心；对工作有高度的责

在奋斗中蜕变

任感。

可见，在文艺和科学上卓有成就的人，并非都是智力优越者。这与其本人主观上的艰苦奋斗、克服困难是分不开的。

丹麦童话作家安徒生家道贫寒。他曾想当演员，剧团经理嫌他太瘦；他又去拜访一位舞蹈家，结果被奚落一番，轰了出来。他流浪街头，以顽强的毅力刻苦学习，终于成为世界著名的童话作家。

高尔基的童年，也并未表现出某种天才的特质。开始他想当演员，报考时，未被看中；他偷偷地学习写诗，把写下的一大本诗稿送给柯洛连科审阅，这位作家看了他的诗稿说："我觉得你的诗很难懂。"高尔基伤心地把稿子烧了。在以后漫长的浪迹生活中，他发愤读书，不断积累社会阅历和人生经验，终于成为蜚声文坛的文豪。安徒生和高尔基成长的道路说明，艺术才能有极大的可塑性。

人才成长的非智力因素方面较多，有的表现为社会责任感，理想和志向，顺应时代潮流；有的表现为个人心理和人格特征，比如，有志气，有恒心，有毅力，不自卑，在成绩面前永不止步；还有的表现为人生道路上的机遇。

研究名人的成长道路，可以说几乎没有一个是一帆风顺的。列夫·托尔斯泰写《复活》，延续了10年，仅开头的构思就改动了二十余次。巴尔扎克开始写作诗体悲剧《克伦威尔》和十几篇小说，无人问津，只好放弃文学。他再次拿起笔来是29岁以后。他以每日伏案工作10小时以上的惊人毅力，完成一部又一部巨著。

在成才道路中，重要的是对自己的学识、才能、特点，有清醒的

自我意识，努力争取主客观的契合。实践告诉我们，成功永远光顾那些为理想付出了心血的实干家。

一位著名作家写道："不愿吃苦、不能吃苦、不敢吃苦的人，往往吃苦一辈子。"

你是否曾经思考过巧克力酥和巧克力布丁之间有什么差别？这个问题乍听起来可能很荒唐，不过，读了下面的故事，你很快就会明白了。

大学时代，哈里曾在市中心豪华地段的"大卫·安吉拉"餐厅工作。一般的甜点他们都是向供货商买冷冻的成品，融化之后再端出去，就好像是新鲜的。不过，他们却亲手烘焙他们自己的巧克力酥，这是利用家庭秘方配上介绍的特殊技巧做成的，然后放置在白色的盘子里，再洒些木莓片与巧克力糖浆。一般都是把比利时巧克力磨碎形成上面薄薄的一层糖粉，由于是刮成碎片做成的，所以非常好看。

哈里在那边工作的时候，便学会了如何做这道甜点。哈里结婚以后，妻子凯西琳就把他赶出了厨房，她说是因为他从来不整理善后，不过哈里知道，真正的原因是他做的巧克力酥令她颜面无光。

有一天，哈里去美容院接凯西琳——老实说，这是一桩哈里永远不会了解的事。为什么会有人愿意付钱给别人，让他们把你的头发弄得很好笑，然后接下来好几天不能正常入睡，唯恐将发型弄乱呢？反正，她的头发还没弄好。所以，哈里在等待的时候，随意翻翻桌上的杂志。那儿没有哈里最喜欢的户外活动的杂志，因此，他挑了一本有关烹饪的书，开始一页页翻着看。在翻阅的过程中，哈里无意中看到

在奋斗中蜕变

制作巧克力布丁的食谱。是的，巧克力布丁。不是速成那种，是家庭烹制那种。哈里盯着食谱，意识到上面所列出的成分和自己在餐厅所做的巧克力酥一模一样——唯一有区别的地方，是材料混合的时间和方式，以及摆列端出的花样不同罢了。

哈里感慨道：人生多么类似上等的美食，上天施与我们的材料与别人所接受的是完全相同的，问题在于我们如何将材料混合在一起——细节、时间和外观——于是，结果才各有千秋。有些人只做出布丁，而有些人只是多费点时间，多下一点功夫，巧妙地展示他们的成果，便造就了不凡的成品。

成功与不成功之间的距离，并不如大多数人想象的那样是一道巨大的鸿沟。成功与不成功只差别在一些小小的动作上：每天花5分钟阅读、多打一个电话、多努力一点、在适当时机的一个表示、表演上多费一点心思、多做一些研究，或在实验室中多试验一次。

任何人的成功都不是偶然的。这其中包含着有志气，有决心，有毅力，有善于捕捉时机的智慧，有创造时机、操纵环境的才干等等。

真正的成功绝不是侥幸可以得到的。也就因为这个缘故，我们可以相信，失败也绝不是命运。有许多人把自己的失败归罪于命运，其实，如果我们肯冷静地观察，就可发现，命运还是操纵在自己手里；坚强的人不会因为环境的不利就消失了斗志，只有那些优柔寡断的人才在外力的阻挡之下低头退缩，改变了自己的志愿。

我们常看见有一些人，他们有天赋的聪明和才气。在别人看来，他是可能有点成就的，他自己当初也以为是可以有点成就的。可是到

后来，其中有的人青云直上，发挥了自己的专长，而有的人却在生活的琐碎项目中消失了。

这是为什么呢？

研究发现许多失败的人都是太懒散，他们以为来日方长，反正有的是时间，加上自己的聪明才智，总不会不成功的。可是，懒散会成为习惯，他们慢慢地安于懒散逸乐的生活，而他们的那点可贵的天赋就在弃置不用之下生锈或发霉了。当别人还不免为他可惜的时候，他自己却早已忘记自己是可能有所成就的了。

有些人辜负了他自己优越的天赋，是因为他太聪明。他看不起埋头苦干的人，笑那些想走上成功之路的人们是傻瓜。

你也看到过笑人们是傻瓜的聪明人吗？在这些聪明人的脑子里想来：一样是拿薪水，一样地吃饭穿衣，娶妻生子，少付出一些力气，老板也不会骂我，更不会开除我，你们那样兢兢业业，又是何苦呢？可是，他不知道，我们对上司交代容易，维持生活也绝不困难，而怎样才能向自己的生命交代，才是我们一生中最大的责任和最大的课题。

有些人越走离他的目标越远，是因为他的舵把不稳，所以只能随着潮水的冲击，跟着风向的吹动，忽东忽西，忽前忽后。他没有坚决朝向自己目标进行的魄力，一生在迁就环境。结果，他就被环境淹没、沉落下去了！这不也是一个悲剧吗？可是，我们随处都可以见到有人做这种悲剧的主角。

生活中很多人90%的时间只是在混日子。大多数人的生活层次只停留在：为吃饭而吃、为搭公车而搭、为工作而工作、为了回家而回

家。他们从一个地方逛到另一个地方，事情做完一件又一件，好像做了很多事，但却很少有时间从事自己真正想完成的目标。就这样，一直到老死。

不要做聪明的傻瓜！在一部电影里，有一句对白说"苦干近乎愚蠢"，可是，到后来证明，只有近乎愚蠢的苦干的人才能拯救他们自己和别人。假如你有聪明的天赋，千万找到那点近乎愚蠢的干劲。只有傻干、苦练的人才可以真正显出他的聪明！

# 在失败中寻找经验

在人类历史上，可能没有任何时代的人像今天这样渴望成功，人们对于成功的关注达到了前所未有的高度，成功的含义被阐述得越来越深刻，尤其是成功的方法也被分解得越来越多，以至于我们有时颇感困惑，究竟是哪种成功方式方法最直接有效呢？

事实上，在很多的时候，我们往往都陷入一个错误的迷失——把简单的事情复杂化了，为什么当我们煞费苦心、竭尽全力地去追求成功时，成功的女神却迟迟未来？问题就在于我们把成功看得太复杂了，把原本简单的问题复杂化了，这正是大多数人与成功无缘的主要原因之一。其实，成功的法则很简单，成功者的关键，其实就是态度。成功者的态度包含众多的成分。但是，最重要的是具有自信心。要做到这一点，你必须奉行三个重要的原则。

重要原则一：对自己的行为负责"种瓜得瓜，种豆得豆。"我们所得的报酬取决于我们所做的贡献。你一定会为自己在生活中的位置或者荣获赞誉或者蒙受耻辱。有责任心的人关注的是那些束缚自己的枷锁，在关键时刻，宣告自己的独立。

乔·索雷蒂诺在市中心的居民区长大，是一伙小流氓的头，并在少年教养院待过一段时间。但是，他一直记着一位七年级教师对他在学术方面能力的信任。他觉得他成功的唯一希望就是抛开他那可怜的

在奋斗中蜕变

中学历史，完成学业。于是，他在20岁的时候重返夜校，继续在大学就读，并在那里以优异成绩毕业。接着，他又全修了哈佛大学的法律课程，成了洛杉矶少年法庭一位出色的法官。假如乔·索雷蒂诺没有勇气改变自己的命运，那么，这一切都是不会发生的。

重要原则二：发现自己的才能，追求自己的目标在莎士比亚的著名戏剧《哈姆雷特》中，大臣波洛涅斯告诉他的儿子："至关重要是，你必须对自己忠实；正像有了白昼才有黑夜一样，对自己忠实，才不会对别人欺诈。"波洛涅斯在劝告儿子要根据自身最坚定的信念和能力去生活——去正视不同的世界。但是，必须尊重他人的权利。

然而，大多数人总发现自己在犹豫之中。怎样做才能不虚度一生？怎样才能知道自己选择了合适的职业或恰当的目标呢？

与其让双亲、老师、朋友或经济学家为我们制定长远规划，还不如自己来了解一下我们擅长做什么。

人生的诀窍就是经营自己的长处。在人生的坐标系里，一个人如果站错了位置——用他的短处而不是长处来谋生的话，那是非常可怕的，他可能会在永久的卑微和失意中沉沦。因此，对一技之长，保持兴趣，相当重要，即使它不怎么高雅入流，也可能是你改变命运的一大财富。在选择职业时同样也是这个道理，你无须考虑这个职业能给你带来多少钱，能不能使你成名，你应该选择最能使你全力以赴的职业，应该选择最能使你的品格和长处得到充分发展的职业。

这是因为经营自己的长处能给你的人生增值，经营自己的短处会使你的人生贬值。富兰克林所说的"宝贝放错了地方便是废物"，就

是这个意思。

重要原则三：不要逃避现实，而是要适应成功、思想和身体素质的关键是适应性。压力之下，我们许多人会变得沮丧，失去对生活的向往和追求，而沉溺于酗酒，大量地吸烟，或依赖镇静药剂，以帮助自己抗争。酒精和其他抗忧虑药可以暂时减少我们对失败和痛苦的畏惧心理，但也阻碍了我们去学会承受这些压力。

适应生活压力的最好方法之一，就是简单地把它们作为正常的东西加以接受。生活中的逆境和失败，如果我们把它们作为正常的反馈来看待，就会帮助我们增强免疫力，防御那些有害的、特别要注意的反应。

约翰·加德纳在他的《自我恢复》一文中指出：生活中成功者的成长不是靠运气，而是一切源于理智。他们追求成功，靠的是他们的潜力和对生活的要求之间无止境的矛盾斗争。

总而言之，失败者乞求机遇降临，成功者致力创造未来。

阳光总在风雨后，人的一生不可能一帆风顺，我们每个人总是在人生的高潮和低潮中沉浮。失败和成功一样，都是我们的人生体验，正如爱迪生所说："失败也是我需要的，它和成功对我一样有价值。只有在我知道一切做不好的方法以后，我才知道做好一件工作的方法是什么。"

美国第16任总统亚伯拉罕·林肯的人生经历传奇而跌宕，他的人生长河里充满了无数次失败。

23岁，竞选州议员，失败；

在奋斗中蜕变

24岁，向朋友借钱经商，失败；

26岁，未婚妻病逝；

27岁，精神完全崩溃，卧病在床6个月；

31岁，争取成为被选举人失败；

34岁，角逐国会议员失败；

36岁，角逐国会议员再度失败；

39岁，国会议员连任失败；

46岁，竞选参议员失败；

47岁，竞选副总统失败；

49岁，竞选国会议员第三次失败；

51岁，竞选美国总统成功。

看，林肯的一生可以说是在接踵不断的磨难中度过的。挫折和失败一直是他生活的主旋律。但无论如何，林肯都坚强地挺了过来，实现了自己的个人价值。

试想，如若林肯在以上任何一次失败中选择退缩和放弃，那么美国的总统史上恐怕就不会有林肯的那一页了。

失败并不代表你是个失败者，它只表明你尚未成功。失败了，或许因为我们还不够努力，我们还需要更多的时间去实践、去付出！失败也并非意味着失去一切，它让我们汲取失败的教训，更好地走向成功。失败让我们更好地认识自我，激起我们内在的睿智细胞，更好走向以后的人生征程！失败只是暂时的，成功却是永恒！在人生的道路上，处处潜藏着失败，然而只要我们坚定顽强地走下去，希望终会

第四章 你为什么会成功

来临！正像英国小说家、剧作家柯鲁德·史密斯所说："对于我们来说，最大的荣幸就是每个人都失败过。而且每当我们跌倒时都能爬起来。"

日本吉祥物——不倒翁，起源于中国禅宗的达摩祖师。当年，达摩面壁九年，历经七灾八难，终于成功参悟。达摩的不屈精神受到人们的敬重。日本天明年间发生饥馑，达摩寺住持以达摩坐禅像为原型，教人制作"开运达摩"，此为日本达摩吉祥物制作的起源。

不倒翁在出售的时候都没有画眼睛，人们买来后，祈求自己的愿望，先画上左眼，待愿望实现后，再把右眼画上去。"不倒翁"的设计重心在下面，因此无论你怎样推它，只要一松手，它就会马上弹起来。日本人把"不倒翁"称为"永远向上的小法师"。

经历了失败的洗礼，经受了磨难的考验，人才会变得更加坚强！

《士兵突击》里有句至理名言："不抛弃，不放弃。"是的，无论在何等的失败和困难面前，我们都该勇往前行，不抛弃不放弃，做一个永远向上的不倒翁！

## 只要你肯干，就能成功

美国最成功的广告人之一肯尼迪说：

"近20年来，我做专业演讲师，每年都可以获得几万美元的回报。但我小时候却结巴得厉害，我很害羞（其实到现在还是，我不善于与他人相处）。当我刚开始演讲时，我浑身不对劲，极不舒服。我早期录制的演讲磁带，有的声音十分糟糕，如果现在能在市场上发现的话，我都把它们买回来。我现在大部分时间靠写书维持生计。我自己出版的书籍、使用手册、课程等，远销世界各地，每年赚钱超过百万元。每年有成千上万的人平均掏出199元订我的刊物。可是我还记得，当年我在学校里的写作成绩得的却是C，新闻学成绩是B。我在中学时，语文老师都建议我将来做个管道工人，后来也有人给过我类似的建议。我大概只能同意到这种地步，即我真的很怀疑我是否有写作的天赋，但是我相信我绝对可以靠写作赚点儿钱。

"我想，所谓的'天赋'这种想法和问题根本不相关。才华究竟是遗传得来的，还是后天培养而成的，这一问题的争论也不相干。倒不一定是无稽之谈，只是不相关而已。如果你受限在某一领域中，如果你真的没有天赋，只要你肯干，还是有补救的机会。如果你很想在某个领域出人头地，又恰巧在该领域具有'天赋'，那就太值得可喜可贺了。不管你身处哪种情况，你决心要做的事情，十有八九都能实

现。"

难道有"天生的营销员"吗？还是有人天生就当不了营销员？如果你留意一下报纸上的出生启事，看到的都是许许多多的男婴、女婴出生的消息，绝对看不到什么"小营销员"出生的消息。齐格·金克拉曾说，他在密西西比州亚素市出生时，当年的启事写的是"一位营销员诞生"，这是令人怀疑的，金克拉虽然可称得上有史以来最伟大、最有名的营销员之一，但在他光辉事业的背后，也有着鲜为人知的曲折——他早年曾一败涂地，一事无成。

很多人固执地相信，各行各业的成功人士都天生就是这块料，一生下来就注定将来要吃这碗饭的。因此，他们的这种观点严重束缚了自己的选择，不知失去了多少自我发展的可能性。

当然，世上的确有一些人，他们生来就漂亮，注定成为照相机的宠儿，因而当了成功的模特儿男女演员。相反的是，传奇歌手托尼·本尼特曾经严重怯场，而不得不努力克服这一弱点。不过，也有人显然生来就要吃演艺圈的饭。有人生来具有运动天赋，比如迈克尔·乔丹及艾密特·史密斯。然而，就连我们心目中的"天生赢家"其实也不全是真的，原因有两个方面：第一，他们数量太少、太罕见、太不合常理了；第二，他们也要勤奋工作，并努力运用天赋，把天赋变为优势。

大多数的成功人士尽管在各自的领域里表现卓越，看起来轻松自如，但他们绝对不是天生就做得到的。

几度被"吉尼斯世界纪录"列为"世界上最伟大的营销员"的

乔·吉拉尔得，在他49岁时，已连续11年被评为头号汽车营销员。这么说他应该一定是位"天生的营销员"吧？其实不然，吉拉尔得中学时曾被逐出校门，当了不到100天的兵，还曾被40余家公司开除过，连当扒手都没有如愿以偿。他说："人们都说我是一位天生的营销员，其实错了，我现在告诉你们，我是全靠自己的努力才成为'天生的营销员'的。像我这样的人从头开始都可以办得到，那么，谁都办得到。"吉拉尔得小时候还有结巴的毛病。你能想象出一位结结巴巴的营销员或演讲者该是啥模样吗？

再来看英国"维金航空公司"的理查德·布朗森，他称得上是最成功、最杰出、最知名的企业家之一，他盯上航空界巨人"英国航空公司"，打得人家落花流水。他涉足的领域无不火暴。作为资产数百万的企业集团首脑，他真是令人不可思议，他在自己家里运筹帷幄，连计算机都不会用，全靠纸和笔记本，又常常喜欢一头栽进自己完全不了解的行业中去。最有意思的是，他从19岁以来，就深受众人瞩目，他多半靠鲜明的自我推销个性及媒体的报道，成功地经营自己的企业。然而，私下里他却很害羞，表达也有时含糊不清。在中学时他曾辍学，丝毫没有成就今日事业的教育背景。尽管几十年来他也频频接受采访、在电视上抛头露面、公开演讲，但他显然对这一套觉得很不自在。布朗森的自传记《童男之王：理查德·布朗森的商业王国内幕》的作者提姆·杰克逊认为，布朗森缺乏安全感和不自在的感觉，来自于他小时候在学校时成绩不好，书也没念完。因此，如果把布朗森的成功说成是"天生的"，实在是不可能的。尽管如此，布朗

森还是成了亿万富翁。

如果你很想做某件事，却有人告诉你缺乏这方面的天赋，你不一定要信以为真。你不妨放开手脚去拼一把。你不去亲自试一试，怎么能知道你具备哪方面的天赋呢？喜剧演员瑞德·史考顿、歌手托尼·本尼特及法兰克·辛纳特瑞，都是公认的非常有天赋的艺术家。他们早年都做过画家，并且十分优秀。法兰恩·塔肯顿从运动员改行，成为成功的商人；演喜剧的琼·瑞弗斯弃艺从商，还做了珠宝设计师。圣地亚哥"冲锋者"队的达瑞恩·本尼特，本来是澳大利亚的足球运动员，当年到美国度假时只是想尝试一下当守门员的滋味而已。畅销小说家史考特·塔罗原来是位律师。戴比·费尔德开始经营她的"费尔德太太烤饼"时，丝毫没有这方面的经验，一切都从零开始。然而，她很快就变得具有了从商的"天赋"。最近，她尝试演讲，证明了自己是个"才华洋溢、精力充沛、富有效率"的专业演讲者。

你过去对自己天赋及能力的看法，你过去发挥或缺乏天赋及能力的经验，别人对你的天赋及能力的意见等过去的一切，都可能影响你的前途，你不应该任由这一切主宰你，你应该自己把握、决定你的未来。

每个人都应该去寻找并发现自己能比别人做得好的领域。打个比方，不是谁都可以当大企业家。有人觉得自己适合做企业家，那是因为他们还没有失业的缘故。不过，这并不能表示你就能做大企业家。要想做一名成功的企业家，你必须有远见、有抱负、不怕挫折，忍受

在奋斗中蜕变

孤独寂寞才行。这可不是每个人想拥有的性格。

　　有不计其数的人，还没有弄明白自己到底喜不喜欢这一行，就急于培养自己在这方面成功的技能和特质。许多年轻人常常会问："哪些机会抢手？做哪一行好？"作为一个聪明的人要问的应该是："对我来讲，做哪一行最好？"每个人得到的答案都大相径庭，不同的人有不同的答案。一定要先充分考虑你个人的个性特点及想达到的目标，再决定你应不应该做某一行。

第四章　你为什么会成功

# 第五章
# 成功有规律可循

真正阻止我们成功的，并不是我们不懂或不明白的事，而是我们深信不疑、但其实不然（不正确）的事情或观念，这是我们的最大阻碍。

——张德芬

## 成功有方法

有的人忙忙碌碌、辛勤一生，甚至到了快要撒手人寰时，仍然没有起色，这种人最大的缺点就是在走路的时候来去匆匆，可他们从来不看路，就像一头蒙面拉磨的驴子，为工作而工作，从没有属于自己的东西。

成功其实有规律可循。智者云：成功有方法，失败有原因。你一定要找到自己的方法，然后利用它，一步步地去获取自己的成功。

世界华人成功学权威陈安之说："那些成功的人士之所以成功，一定有道理，一定有方法，也一定有原因。做菜要先学做菜，要打网球要先学打网球，要成功为什么不先学成功学呢？"

美国著名成功学家拿破仑·希尔，堪称是世界上最伟大的励志成功大师，他创建的成功哲学和十七项成功原则，加上他那永远如火的热情，鼓舞了千百万的人，因此他被称为"百万富翁的创造者"。他的影响已经远远超出了成功学的范畴。当第一次世界大战爆发时，威尔逊总统用他的励志秘诀训练和鼓舞士兵，筹募军费。这使拿破仑·希尔的名字与一个国家的历史有了联系。

1929年经济大崩溃袭击美国后，美国人民陷入深深绝望之中。1933年，罗斯福总统把拿破仑·希尔请进白宫，帮助他主持著名的"炉边谈话"节目，以唤醒美国人民沉睡已久的信心与活力。

拿破仑·希尔把他的思想、他的激情、他的声音注入每一个美国人的心灵深处，从而影响了数以亿计的人。他为罗斯福总统组建了那个国家有史以来最为庞大的智囊团，为希特勒发动的那场战争提前做好了物质、精神和智慧上的准备。拿破仑·希尔的不领一分薪水的无私奉献，赢得了白宫官员和美国人民的一致尊敬。

重新站起来，从一贫如洗成为百万富翁，从穷困潦倒走向社会名流的人不计其数，他们都是受到拿破仑·希尔的影响才获得成功的。后来的人们为了纪念成功学的先驱者，把卡耐基推为成功学的第一代宗师，拿破仑·希尔为第二代宗师，因为是他把成功学创建成完整体系并发扬光大的。

在现在这个高度发达的社会里，"时间就是金钱，时间就是一切"的观念渐入人心。21世纪成功拼打的是速度，赚钱靠的是时间差。学习成功学的目的是让我们大家能以最快的速度，最方便的方式，最少的金钱花费，学到当今世界最好的成功方法和成功模式。

要想成功，最快最直接的是学成功学。最佳方式选择是向成功学大师学，成功学大师有许多，其中最有名的是世界成功学大师戴尔·卡耐基和安东尼·罗宾，还有世界华人成功学权威陈安之。这些大师开办的培训课程效果有立竿见影的效果，会使自己获得长足的进步。

成功学里面有前人总结出的人生精华和至理经验。如：戴尔·卡耐基著的书《人性的优点》《人性的弱点》《积极的人生》等，这些书一版再版，一印再印，使世界上数亿的人颇为受益，直到今天还产

生着深远的影响。

在美国，上至经济大亨、政府政要，下至普通人民很多人都参加过卡耐基的课程培训。卡耐基课程及其教材在世界各地传播着它的影响，它帮助了成千上万的人克服了忧虑和各种各样的烦恼，帮助他们重塑生活信心，消除了成功路上的一道道屏障。

华人成功学权威陈安之老师创立的成功学，激励了中国很多有志于成就一番事业的人，他提供了一系列成功的方法与技巧，是一种指导性的思想；是方向，使我们内心渐渐丰富和完善起来。成功的基础是内心的完善，有了这个基础，做起事情来就会事半功倍。

一个人要想有一番作为，最有效的方法是学习成功学，可以是培训，也可以读这方面的书籍，里面成功者的经验会促使你在最短的时间内达到成功，它是通往成功路上的一条捷径。

第五章 成功有规津可遁

## 做好简单的事情

爱迪生精神——爱迪生为了发明电灯，寻找合适灯丝，苦苦地进行了一次又一次试验。助手对他说："我们花了很多时间，已经试了两万多次，但是仍然没有找到我们需要的。"爱迪生说："但是我们知道了哪两万种不能当灯丝。"最终，爱迪生发明了电灯。

有一个闻名全国的营销大师，在即将告别他的推销生涯时，为将他的推销方法和秘诀永为留传，在该城中最大的体育馆做了一次告别职业生涯的演说。

那天的体育馆内，人山人海，座无虚席，人们在热切地、焦急地等待着，等待着这位最伟大的营销员，发表精彩的演说。

人们有的猜想着，推销大师的厚重的成功史、最有价值的推销术等等。当演说的大幕徐徐拉开时，舞台的正中央用一个高大的铁架吊着一个巨大的铁球。

不一会儿，营销大师在人们热烈的掌声中走了出来，他站在铁架的一边。人们惊奇地望着他，不知道他要做出什么举动。这时两位工作人员，抬着一个大铁锤，放在大师的面前。主持人这时对观众讲：请两位身体强壮的人，到台上来。好多年轻人站起来，转眼间已有两名动作快的跑到台上。

营销大师这时开口和他们讲规则，请他们用这个大铁锤，去敲

在奋斗中蜕变

打那个吊着的铁球，直到把它荡起来。一个年轻人抢着拿起铁锤，拉开架势，抡起大锤，全力向那吊着的铁球砸去，一声震耳的响声，那吊球动也没动。他就用大铁锤接二连三地砸向吊球，很快他就气喘吁吁。

当然另一个人也不示弱，接过大铁锤把吊球打得叮当响，可是铁球仍旧纹丝不动。

台下渐渐地静了下来，观众好像也在迷惑着正期待着什么。

这时，营销大师大从上衣口袋里掏出一个小锤，然后认真地，面对着那个巨大的铁球。他用小锤对着铁球"咚"敲了一下，然后停顿一下，再一次用小锤"咚"敲了一下。人们奇怪地看着，老人就那样"咚"地敲一下，然后停顿一下，就这样一直持续地做着。

10分钟过去了，20分钟过去了……会场的人们已经没有足够的耐心看这一切，并已开始骚动起来，甚至有的人干脆叫骂起来，他们用各种声音和动作发泄着他们的不满。营销大师仍然一小锤一停地工作着，他好像什么也没有发生似的。于是，人们开始愤然离去，会场上出现了大块大块的空缺。留下来的人们好像也喊累了，会场渐渐地又安静下来。

大概在营销大师进行到40分钟的时候，坐在前面的一个妇女突然尖叫一声："球动了！"霎时间会场立即鸦雀无声，人们聚精会神地看着那个铁球。那球以很小的摆度动了起来，不仔细看很难察觉。营销大师仍旧一小锤一小锤地敲着，人们好像都听到了那小锤敲打吊球的声响。吊球在老人一锤一锤的敲打中越荡越高，它拉动着那个铁架

子"哐、哐"作响，它的巨大威力强烈地震撼着在场的每一个人。终于场上爆发出一阵阵热烈的掌声，在掌声中，营销大师转过身来，慢慢地把那把小锤揣进兜里。

这时，营销大师开口讲话了，他只说了一句话："在成功的道路上，你没有耐心去等待成功的到来，那么你只好用一生的耐心去面对失败。"

营销大师有着厚重的人生阅历和推销生涯，他只是用他的方式让人们记住：成功没有神奇，既不像想象中的那样容易，也不像想象中的那样难。只要对于一件事你一直不断地重复做下去，拼搏努力不止，只要你像营销大师反复地"敲打"着你的"铁球"，并有足够的耐心做下去。同样，你也会把你的人生的"球"荡起来的。"精诚之至，金石为开"，成功会给你一个满意的答案的。

实际上，只要我们注意观察，就会吃惊地发现，那些生活在贫困线上的人才是真的有耐心，有吃苦耐劳的品质，他们正是以这种惊人的耐心忍受着不成功的现实和生活。他们重复地从事着自己简单的劳动，可不要小看了他们，正是他们重复着积累，重复着经验，生活赋予他们沧桑的同时，也同时给予他们丰厚的回报：苦尽甘来，否极泰来。他们是明天的富翁、后天的赢家。

很多的人以为成功很难，成功要付出太多、成功会很痛苦，就不去想和追求。那是不是不成功就很舒服、很自在、很潇洒了？当然不是，事实上，不成功才真的更难。有的人不肯付出一时的努力去博取成功去换取一生的幸福，却甘愿用尽一生的耐心去面对失败的痛苦。

在奋斗中蜕变

生活在贫困线上的人面对的是吃饭、挨冻、生存这样的大事，这是涉及生死存亡的大事，他们的心理压力会小么？他们甚至可以用健康、犯罪、甚至是生命去拼，只是为了换取生活中最基本的需要。他们付出的代价是巨大的，他们又何以轻松呢？而对于成功，其实并没有你想象得那么难，只要你不放弃追求，就像文中的老者，重复着你的追求，洒下你辛勤欢快的汗水，这时你就会发觉：原来我的生活是这般的有意义。心里的希望就会倍增，成功的日子离你也不再遥远。

那些追逐成功的人，是为了获得更好的生活、更高的地位、更大的成就，就因为他们有梦想和肯于奋斗，他们不用去为生存本身发愁，他们时刻想着如何让生活变得更好。日复一日地重复着自己的劳动。这正如海尔CEO张瑞敏说的那样：什么叫不简单，把一件小事重复地做好，就是不简单。

你可以不思成功，但你的生活并不会因此而轻松。你追逐成功，你会因此而生活得更好。三百六十行，行行出状元。即使简单卑微的工作也要做好，熟能生巧，巧能出奇。只要达到一定的功力，你就是行业中的状元，你就是生活中的成功者。

第五章 成功有规律可循

## 构建希望之图

　　每个人都要构筑自己人生的梦想，构筑一幅希望之图，能有效地促进自己建立信心达成目标。

　　二十世纪二三十年代，美国陷入了严重的经济危机中，全美国的饭店倒闭了80％。希尔顿饭店也一家接着一家地亏损，一度欠债达50万美元。希尔顿连同他的饭店陷入了困境，债主不断向他催债。对此，希尔顿并不灰心，他召集每一家饭店的员工特别交代和呼吁："目前正值饭店亏空，靠借债度日时期，我们要一起渡过难关，一旦美国经济恐慌时期过去，我们希尔顿饭店就能走出困境。"

　　希尔顿酒店被誉为"世界旅馆皇后"的纽约华尔道夫大饭店位于纽约巴克塔尼大街，共有43层，6个厨房，200名厨师，500位服务生，2000间客房，还有附属私人医院与位于地下室旁的私人铁路，曾接待过世界上许多国家的国王、王子、皇后、政府首脑和百万富豪，堪称世界上最豪华、最著名的饭店。

　　早在1931年，希尔顿第一次在报刊上看到这座刚落成的大饭店的照片时，就为之倾倒。他把这张照片剪下来，在它下面写上"饭店中的佼佼者"几个字。当时他正处于极度困难的境地，但始终将这张照片揣在皮包里或压在办公桌的玻璃板下。这是他的理想，他发誓一定要弄到手。以后，希尔顿走到哪里，就把照片带到哪里。最先，照片

放在皮夹里；当他再度有了书桌后，又被放在玻璃板下。

经过前后18年的努力，希尔顿终于如愿以偿。在1949年10月12日那天，这家饭店终于归属他所有了。

庆祝晚宴后，希尔顿站在华尔道夫饭店的天井里，仰望耸入云霄的大厦，沉浸于忘我的境地。抚今忆昔，他彻夜未眠，不知不觉地站到了天明。希尔顿后来提起这件事，总是感慨地说："'收买'华尔道夫，是我生命中的一个转折点。"

成功者之所以成功是因为他们心目中不仅有成功的目标，而且有成功的图形。成功的图形给追求成功的人以形象化和更具亲和力的感召，有如希尔顿取得的成就一样。

钢铁大王洛克菲勒说过：每个人都是他自己命运的设计者和建筑师。对于现在的你，或许五年以后的事还是很遥远的，但可以想象一下，五年以后你会达到什么样的目标，把目前那个遥不可及的梦在脑中建立一幅成功的图像，并作为五年中奋斗的目标去实现它，那么梦想还远吗？

在工作过程中，怎样做到全身心的投入，适当地给自己一些激励，精神状态就会提高，对待工作的热情也会高涨。你心目中成功的图像可以作为你最有效的激励。反过来说，如果你的目标就是糊口度日，每天按常规三点一线的生活着，没有激情，更没有追求，自然对挣钱就提不起兴趣。试图找到一些乐趣，就可以调动你的积极性，为了更好地实现这个期望不懈努力。比如，制订一个与家人共同旅游的计划，或者制订购买一件心仪已久的物品，就能激发出你的能量。

## 遵从成功的心智模式和行动

美国哈佛大学的学者阿吉瑞斯说：人们的行为未必总是与与其所使用的理论及他们的心智模式相一致。有些人不能成就大事是因为没有遵从成功的心智模式把行动的力量发挥出来。如果一个人遵从成功的心智模式，使行动规范化，这会使行动的效率大大提高，成功地机会会加大。

在生活中，举手投足、皱眉眨眼能做到适时适度，都是在思想的正确驱动下完成的。如有人不经思维来实施自己的行为举止，他肯定是一个疯子或神经病。做一件事，达到一个目标，思想驱使的过程和举止相比，就是其过程长久一些罢了，其道理是一样的。

一个行动或举措，所产生的结果一般情况下是要么成功，要么失败，成功的来临在人的心理上是自然的，对于做后面的事也能有个很好的促进。更多的人难以接受失败的结果，失败对于做后面的事也会有消极作用，但成功的心智模式是遵循生命的定律，相信命运的门关闭了，信仰会为你开另一扇窗。成功的路上我们会常遇见的是关闭的门，所以我们应该积极寻找一道敞开的窗；可能幸运正在窗前向你招手。积极寻找就是"行动"，只有不停地从事有意义的行动，我们才能从挫折、不幸的境遇中解放出来。

意大利文艺复兴时期的文艺三杰之一——艺术家米开朗基罗曾看

着一块雕坏了的石头说："这块石头中有一个天使，我必须把她释放出来。"成功的画家盯着画布说："有一幅美丽的风景在画布里面，等待着我把它画出来。"成功的作家盯着稿纸说："这些纸上有一本旷世名著，要等着我把它写出来。"有远见的企业家说："我有很好的创业理念和理想，我一定会发展壮大，它等着我将它达成。"

这些不同领域的艺术家、画家、作家、企业家之所以这样说，是他们"胸中有丘壑"，思想与行动能合二为一。在成功的心智模式中的关键概念是：成功与失败的不同还在于，前者是不断地动手，后者动口，却又抱怨别人不肯动手。很多人都知道哪些事该做，然而真正力行去做的人却不多。遵从成功的心智模式和行动是劈开成功之路的两把缺一不可的利斧。

如果在孩童时就一直想学钢琴，但没有钢琴，也没有上过课、练过琴，对此会深感遗憾，决定长大后一定要找时间去学钢琴，但似乎没有时间。这件事让人很沮丧，当看到别人弹钢琴时，会认为"总有一天"我们也可以享受弹钢琴的乐趣，但这一天总是那么遥远无期。对于这种遥远无期的仅是无奈，却不知光是知道哪些事该做仍是不够的，你还得拿出行动才是。赫胥黎说得好："人生伟业的建立，不在能知，乃在能行。"用心定下的目标，如果不付诸行动，成功永远在你的大脑中不能实现。

《圣经》上说："只是你们要行道，不要单听道，自己哄自己。因为听道而不行道的，就像人对着镜子看自己本来的面目，看见，走后，随即忘了他的相貌如何。"要成功不仅能认识这些教诲，更要去

实践它，因为知道是一回事，去做又是另一回事。

在成功的心智模式中，现已经准确定义了自己的目标，那么踏上征途的最佳时间是什么时候呢？现在就是——如果不是物理意义上的，也是精神意义上的。特别是时效紧密联系在一起的事，我们要毫不迟疑地踏上征途，如果犹豫的话，也许事情就会搁置几个星期、几个月，甚至更长久。在等待中精神疲惫了，做事的热情也骤减了。然后结局就像那些老人们的一样：当问如果时光可以再来，他们会……这些被我们视为理所当然的事都是他们当年没能找准行动的时机。

不要犹豫，更不要等待，如果想做的事情是符合法律和道德规范的，既不会伤害别人，自己又不会有什么损失，何必顾虑那么多呢？成功的人让自己有良好的心智模式，在模式中他会及时地放胆地循着自己的目标去做。

每个人都有许许多多的梦想，实现梦想的企图心也很强；可就是一直都在原地踏步。他们总是不停地规划：下个月要去哪里，明年要做什么，但就是停留在计划阶段而已，一二年过去了，也不晓得要到何时才会实现。

如果愿意的话，每一天都可以是崭新的开始，你的机会就是现在。物质可以转化成精神，精神可以转化成物质。要想改变物质世界，首先要改变精神世界，调整自己的心智模式，在成功的心智模式下行动定会事半功倍，成功的事业在向你招手。

# 与成功者在一起

俗话说："近朱者赤，近墨者黑"。成功者自有成功者的道理，成功者自有学习他们的优点和长处，要想学习成功者，你必须想法接近成功者，最好能与成功者在一起。你必须这样，才能真正学到成功者的思维方式和行动经验。

战国时大学问家孟子小的时候非常调皮，他的母亲为了让他接受好的教育，在他身上花了很多的心血。

孟子的家住在墓地旁边。孟子就和邻居的小孩一起学着大人跪拜、哭嚎的样子，玩起办丧事的游戏。这让孟子的妈妈看到了，就皱起眉头："不行！我不能让我的孩子住在这里了！"于是孟子的妈妈就带着孟子搬到市集旁边去住。

住到了市集，孟子又和邻居的小孩，学起商人做生意的样子。一会儿鞠躬欢迎客人、一会儿招待客人、一会儿和客人讨价还价，表演得像极了！孟子的妈妈知道了，又皱皱眉头："这个地方也不适合我的孩子居住！"

于是，他们又搬家了。这一次，他们搬到了学校附近。学校里的学生都比较规矩、有礼貌。后来，孟子也开始变得守秩序、懂礼貌、喜欢读书了。

这个时候，孟子的妈妈很满意地点着头说："这才是我儿子应该

住的地方呀！"

后来，大家就用"孟母三迁"来表示人应该要接近好的人、事、物，才能学习到好的习惯！即：近朱者赤，近墨者黑。

有的人甚至鼓吹环境决定着一个人的前途命运。我们不相信环境决定论，但环境能够影响人却是毋庸置疑的。因此有人说，消极是一副毒药，常常与消极的人在一起会慢性中毒。有人说，情绪是会相互感染的，笑声会感染别人，哭泣也会传染他人。

美国有个机构经调查后认为，一个人失败的原因，90%是因为这个人的周边亲友、伙伴、同事、熟人都是些失败和消极的人，正所谓跟着好人学好人，跟着巫婆跳大神，没有好的思想引导激励，没有好的方法来指导成功，走下坡路是必然的。因此，如果你想成功，就要走近成功人士，结交积极上进、有所成就的朋友，会在无形中对你产生重要影响。

物以类聚，人以群分。跟什么样的人在一起，你就会成为什么样的人。很多人力资源管理者就常常询问应聘者与什么样的人交往，并以此作为录用与否的重要条件。这是有相当道理的。希望成功，就应该与成功者交朋友，不断地吸取成功者的人生经验。很多资料表明，成功者主要与成功者为伍，而失败者常常与失败者为伍。

事实证明，不幸的人吸引不幸的人，而散漫者的圈子里也都是散漫的人。在小城市，在乡村里，一般都很少有雄心壮志的能人，不是这些人天生愚笨，而是他们周围的人都是没有更多志向和梦想的人，他们很少获得能人的启发。

在奋斗中蜕变

因此，选择适当的朋友和伙伴显得尤为重要。在一个很糟糕的环境里是无法获得激动人心的启示的。"猪圈岂生千里马，花盆难育万年松"，选择一个良好的人文环境和自然环境，对于成功有着至关重要的作用。

在很多学校里，都有许许多多的名人画像或他们的事迹介绍，目的就是用他们的精神来激励学生。在美国的印第安人学堂，有不少印第安青年的毕业照片。在这些照片上，他们神采奕奕，气宇轩昂，才华横溢，一看就觉得他们能够做一番大事业，精神面貌与刚刚离开家时迥然不同。可是等他们回到自己部落中之后，大部分人又回到了原来的样子。这是因为他们失去了能够激励自己的环境，他们的潜能就这样被埋没了。

一个人生活的环境，对树立理想和取得成就有着重要的影响。周围的环境是愉快的还是痛苦的，是和谐的还是杂乱的，身边的人是经常激励还是经常斥责，时时刻刻都影响着一个人的前途。在一个人的一生中，无论在何种情形下，都应该让自己处在一个积极向上的环境之中，这样才能把自己的潜能充分地调动起来。因此，努力接近那些了解你、信任你、鼓励你的人，尽量地寻找一个积极向上的环境，对一个人的成功至关重要。

如果你选择与比你优秀的人在一起，当你出现不足或落败时，他们就会帮你检讨总结，为你加油助威：失败是暂时的，成功是最终的必然；当你成功时，他们会提醒你，重新给自己定位，人生的意义不仅在于超越别人，最重要的是要超越自己。

要尽量跟成功的人打交道，成功的人都是很容易与别人相处的人。如果你总是与顶尖人物在一起，你就谷易学到更多更好的成功经验，培养出自己的成功特质。成功者的成功，要么给人以莫大的动力，要么给人莫大的压力。成功者都是普通的人，唯一的差别在于他们比其他人多做或少做了某些事情，于是他们成功了。

在奋斗中蜕变

# 帮助成功者也是帮助你自己

一般人认为帮助成功者，就是要牺牲自己的利益，结果成功者更强大富有，自己却没有得到什么，这无异于雪上加霜。其实帮助成功者成就事业，虽然帮助了成功者，但同时也使自己获得了人生经验和各种阅历。

2000年，韩国总统金大中获得了诺贝尔和平奖，这时，韩国某财团研究决定，准备向获得诺贝尔和平奖的金大中总统献一份礼物表示祝贺。

究竟献一份什么样的礼物献给总统呢？俗话说：赠人以良言，胜过赠人以珠宝。于是，他们最终拿定主意，为了进一步发展和完善韩国的民主制度，不惜花重金购买美国发展和完善民主制度的经验，并以此为厚礼，献给金大中总统。

随后，韩国财团便将这一课题交给了英国剑桥大学的纽纳姆学院。纽纳姆学院，在总结历史经验方面是具有很高知名度的学府。纽纳姆学院在接受了韩国财团的课题之后，在卷帙浩繁的资料中追根溯源，从美国当代的民主制度一直研究到美国第一任总统华盛顿的民主建国思想。在研究华盛顿民主建国的思想来源的时候，他们一直追溯到了下面这个苹果树下的故事：

1764年，14岁的华盛顿在房子的后院栽了一棵苹果树。一天，他

父亲见到后说："你若想在将来吃到苹果，就应该把它种在有阳光的地方，并且不断给它浇水、施肥。"在转身离开的时候，他父亲又从树说到了人："如果你帮助别人得到他想要的，你就能得到一切你想要的。"尽管当时华盛顿年龄还小，不太理解这句话的含义，但他却将这句关爱人性的话牢牢地记在了心中。

就是这一句"如果你帮助别人得到他想要的，你就能得到一切你想要的"，改变了他的一生。纽纳姆学院的研究结论强调指出：史料上明确记载，华盛顿在1787年费城立宪大会上，曾反复使用他父亲当时说过的这句关爱人性的话。可以说，正是华盛顿的父亲的这句话，影响了华盛顿一生的奋斗方向，促进了美国的民主制度的诞生；也可以说，华盛顿的父亲转身时候的这句话，正是美国民主制度发展和完善经验之精华。

韩国财团对纽纳姆学院的研究结论非常满意，向纽纳姆学院支付了200万美元买下了苹果树下的这句话："如果你帮助别人得到他想要的，你就能得到一切你想要的。"以此作为送给金大中总统的厚礼。

令韩国财团没有想到的是，这一消息在韩国披露后反响热烈，很得民心，特别是得到了有识之士的高度评价。他们认为，这200万美元花得值，它不仅是给金大中总统的礼物，更是对韩国民主制度的一个贡献，这句话对进一步发展和完善韩国的民主制度具有重要的指导作用。

更没有想到的是，不少国民竟然自动捐款给韩国财团，就连韩国财团的股票也直线上升。韩国和美国同属于资本主义社会，而美国是

在奋斗中蜕变

资本主义社会就最高度民主的代表，韩国有许多值得向美国学习的地方。从此，韩国财团花200万美元买来的这句话——"如果你帮助别人得到他想要的，你就能得到一切你想要的"家喻户晓，人人皆知，成为关爱人性、进一步发展和完善韩国民主制度的至理名言。

拿破仑·希尔在成功之前，曾利用20年的时间帮助钢铁大王卡耐基工作，这期间他一分钱的报酬也没有，在帮助卡耐基的同时，也帮助了他自己——他本人在成功学研究上获得了巨大的成功。台湾成功大师陈安之在成功之前，也长期在美国帮助世界成功学大师安东尼工作，在帮助安东尼的同时，他也学到了成功学的真传，最后终于获得巨大成功。

事实上，"帮助别人，成就自己"是一个放之四海而皆准的成功准则。

对于营业员来说，"如果你帮助别人得到他所需要的，你就能得到一切你想要的"。营销员诚心地帮助客户，客户就会对你好。你想让客户记住你，你就先记住客户；你想让客户想着你，你就先想着客户；你想让客户帮助你，你就先帮助客户；你想让客户更多地销售你的产品，你就支持客户卖出更多的产品、赚更多的钱。

成功营销员的一条重要经验就是：请客户吃十顿饭，不如为客户做一件实事。即使是著名公司的营销员，也不只是靠品牌的影响力卖产品，他们也是通过为客户提供实实在在的服务来培养客户的忠诚度。

营销员热情地帮助客户，当客户把你视为自己人、看成是做生意

离不开的左膀右臂和赚钱的好帮手时，你就成功了。

　　其实，作为个体的我们，在帮老板工作的同时，获得了养家的资本，还因为老板提供的工作平台，帮自己实现了人生价值。如此双赢的关系，岂不美哉！

在奋斗中蜕变

# 志在成功才能成功

拿破仑·希尔曾经说过："我成功，是因为我志在成功！"成功最重要的秘诀，就是要用已经证明有效的成功方法。你必须向成功者学习，做成功者所做的事情，了解成功者的思考模式，加以运用到自己的身上，然后再以自己的风格，创出一套自己的成功哲学和理论。要成功必须向成功者学习；要成功必须跟成功者在一起；模仿成功者的精神；拷贝成功者的心序；模仿能使人快速成功。

美国前总统里根，曾经是一个演员，很早他就下定了要当上美国总统的决心。由于里根的青年时代一直都是在做演员，对于政治可以说还是个门外汉，这成了他进入政界的最大障碍。

大部分共和党内保守派怂恿他竞选州长时，他毅然答应了，准备要在政治上开创新的事业领域。

同样，不是每一个拥有坚定决心的人都会成功，它同时还需要脚踏实地的努力，里根后来之所以能够成为美国总统，与他做演员的优势是密不可分的，以下两件事情始他更加坚定了信心，相信自己有能力成为有所作为的国家领导人。

以前，里根曾经受聘于通用公司，广泛接触过社会各界人士，知道了大量的社会经济和政坛状况。了解的这些情况成了他后来竞选总统不可或缺的重要信息；另一件事情是他加入共和党后，发表了一篇

题为《可供选择的时代》的演讲，精彩的演讲使他大获成功，为他赢得了不少选民。与此同时，里根的一位多年好友（一名演员）凭借自身魅力也战胜克老牌的政治对手而当上了加州议员，这更加坚定了里根涉足政坛的信念。后来的结果也的确如实如此，里根获得了成功。

里根总统的经历让我们感受到，志向的力量是无比强大的，只要你有远大的志向，能够坚信自己会成功，那你就一定能够成功！

这同"有志者事竟成"的道理是一样的。有了想要成功地决心，这就等于你已经成功了一半，而且这种想法就会时刻激励着你不断地去努力去奋斗，以使自己离成功地目标近些、再近些……直至成功。

成功的程度取决于你的决心、信念程度。心存疑惑，没有足够的自信，就会失败；如果相信胜利，尔后以全部的精力投入，最后你必定成功。就连移山的愚公都相信子子孙孙的奋斗能把大山移走，何况你是一个有志于成就一番事业的人。只有对成功的抱有坚定的信念，事业必将成功；还没有开始做就认为自己做不到的，一辈子都将一事无成。

# 第六章
# 成功其实很简单

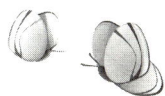

　　如果你对周转的任何事物感到不舒服，那是你的感受所造成的，并非事物本身如此。借着感受的调整，你可在任何时刻都振奋起来。

——奥瑞·利欧斯

## 成功者应具备的条件

每一个人都志在成功，并不懈地追求着成功。面对困难、坎坷，大多数人都会迎难而上。但是，在这个竞争日益激烈的社会里，仅凭一腔热情已经很难找到立足之地了。我们需要一个榜样式的存在来指引成功的方向。现在，有许多追求梦想的年轻人都模拟西点的规则来要求自己的人生，定期自我监督和检验，试图在这过程中培养自己的自制力、目标性和坚韧性。那么，这就够了吗？想拥有成功的人生到底应该具体如何去做呢？

你是一个有志者，并且很勤奋，你也有才干，并相信自己一定能成功，但有时很不幸，人到中年仍是两手空空。你不解，你疑惑，为什么自己辛苦耕耘却毫无收获呢？其实，成功是一门学问，更是一门艺术，它需要的不仅是满腔的热情、远大的志向以及不畏艰辛的勤奋，更需要奋斗者具备多方面的必要素质，这是成功的前提。否则，不管你多么自信，也只能是徒劳。

那么，一个成功者还应具备哪些条件呢？美国成功学大师认为，成功者起码应具备以下四个方面的素质特征和条件。

1.要有很强的适应性

狄斯雷利说："人类不是环境的创造物，环境是人类的产品。"适应性关系到一个人处理压力的能力，这是因为人的压力主要发生在

他进行转变或改革的时候。成功者不仅有能力去适应转变，而且能促进转变。这个素质的本质，就是参加冒险的能力。

高水平的成功者知道，转变与冒险是相互伴随的，对成功来说，顺时地转变不仅是需要的，而且往往是必不可少的。因而一个人如果想获得成功，就一定要能够适应这种转变。

2.要能够专心致志

吉鲁德指出："多数人的失败，往往都不是因为他们无能，而是因为他们心意不专。"

专心致志即把精力集中于现在时刻，把思想集中在现在正在进行的事件上，而不去想过去的失败或成功，也不去想将来的烦恼或可能。如同队列中的最后一只大象，往后看可以了解从前走过的道路，却不能令它鼓舞。如果寄希望于将来，经常期待事情能发生什么有利的变化，也只会使人无所事事。成功者处理问题的方法是，现在的状态与条件存在于现时。因为他们知道，昨天已经过去而不可挽回，明天尚属未知而不可控制，他唯一所能把握的，只有今天。

把你的意志集中于现在时刻，将会大大加强你自己，就如同激光的强力在于集中一样，假如你能专心致志于你现在正在进行的事件，你就将变得更有效率。

3.要能广集资源

广集资源是一种能力，一种为了达到目标解决问题而去收集有用资源的能力。资源有多种，包括人才、信息、精神和物质的资源等，成功者的这种品质能够使他得到更多的有用信息并重视和运用一般人

在奋斗中蜕变

会忽视的东西，他们能够集中人才、金融资本、组织技能等一切有助于把事情办好的资源，从而依靠这些资源使自己走向胜利。

福尔摩斯办案如神的原因，除了他具有超出常人的推理能力外，另一个方面就在于他能够搜集捕捉任何能使他抓获坏蛋的线索。他既不带枪，也不用什么高超科技，他就用自己的脑子。高水平的成功者什么时候都不会空手而归，他们能够在任何场合，创造机会以获得他们所需要的资源和信息。

4.要能够树立个人权威

个人权威与这样一种能力有关，这种能力能影响当事者周围的人群、环境和条件。它能够使别人相信当事者的言行，从而按他的意志来办事情。

个人权威与个人特有的品质和特点紧密相连，人格、能力、经验以及所控制的信息都是构成个人权威的必不可少的因素。这些因素能够使当事者对某些后果产生影响从而增加他们的回旋余地。成功者总是能够利用任何的机会和场合来扩大自己的个人权威。他们知道，在任何方面，没有权威，不能影响别人的人是永远也不会赢得别人信赖的，而得不到别人信赖的人绝对不能把事情办成的。

## 坚持才会收获成功

安东尼曾经说过："对我而言，成功是不断致力于更上一层楼的过程，那是去实践修身、处世、心智、体能、学识以及财富上成长的机会，并造福人类。这条成功之路永远是在构筑之中，不断延伸，没有止境。"

人生难免有沉浮，怎会全部是坦途，重中之重看恒心，一路登顶不停歇。

"一帆风顺"是我们美好的祝福，而现实生活中艰难困苦什么都可能遇到，只是程度深浅不同罢了。所以若把人生比作一座山，那么每个人的起点不会有天壤之别，关键在于途中人们意识上的变化。

不适者被淘汰，欲速者不达，大多数人都会磕磕绊绊然后放弃。只有那些志在登顶，丝毫不会回头张望和犹豫的人，才可能看到峰顶与众不同的风景。因为高峰只对攀登它而不是仰望它的人来说才最有意义。就像苏轼的那句名言："古之立大事者，不唯有超世之才，亦必有坚忍不拔之志。"

"再坚持一下"，是一种不达目的誓不罢休的精神，是一种对自己所从事的事业的坚强信念，也是高瞻远瞩的眼光和胸怀。它不是蛮干，不是赌徒的"孤注一掷"，而是在通观全局的和预测未来后的明智抉择，它更是一种对人生充满希望的乐观态度。

胡里奥是世界著名的音乐家，由于他用世界上六国语言演唱的唱片已经销售了10亿多张，使他获得吉尼斯世界纪录创办者颁发的"钻石唱片奖"。在欧洲，胡里奥已经多年都是流行歌曲的榜首明星，《法国晚报》曾赞扬他为20世纪80年代的一号歌星。胡里奥假如没有雄心、勇气和铁一般的毅力，那么今天他可能只是一个默默无闻的残疾人。说来也奇怪，他的成功还是由于一起车祸事故引起的。

　　1963年9月，他和三个朋友沿着郊区的大路驱车向马德里家中驶去，当时已过午夜，纯粹出于年轻人的胡闹，他把车速开到每小时100公里，驶到一个急转弯处，汽车陡然滑向一侧，一个跟头翻到了田里。当时没有人受重伤，过了一段时间，胡里奥感到胸部和腰部急剧的刺痛，伴随着呼吸困难和浑身发抖。神经外科专家诊断是脊椎出了问题，胡里奥瘫痪了，他被送到一个治截瘫病人的医院，脊柱检查发现：他背上第七根脊椎骨上长有一个良性瘤，随后做了外科手术把瘤摘除。但是胡里奥回家后腰部下面仍不能动弹，这种情形实在让人沮丧：胡里奥在几年后可能会恢复一点活动能力，但是进展缓慢，锻炼使得他筋疲力尽。胡里奥有时也很绝望，有位护士得知这情形，给了他一把价钱不贵的吉他，他开始漫无目的地拨弄起来，他发现这种乱弹乱奏给他消除了忧虑和无聊。这种乱奏引发他跟着哼起来，后来试着唱出几句，使他高兴的是，自己的嗓音还不错；手术后的4个月，胡里奥站在地板上、手抓着他家里楼梯的扶手，费力地试着举步上楼，他总算走出了迈向康复的第一步。

　　他每日的目标就是比头天多迈出一步，为了加强身体其他部位

的锻炼，他沿着门厅不停地爬行四五个小时。慢慢地，他能挂着拐杖沿着海滩缓慢费力地行走，而且每天早上，他在地中海里疲倦不堪地游上三四个小时。到那一年的秋天，他换成挂一根手杖行走。几个月后，他把手杖也扔到了一边，每天慢行10公里。

1968年，他于法学院毕业，他曾打算进外交使团。在那时，音乐仅是一种消遣，长期而孤独的恢复期使胡里奥产生了灵感，他总算写出了自己的第一首歌《生活像往常一样继续》。

作为一个世界性的音乐家，公众对他的接受有一个漫长的过程。在他用歌声征服拉丁美洲听众的过程中，他首先得征服村民们，使他们知道胡里奥是谁。1971年他在巴拿马时，身无分文，露宿在公园的长凳上。就在这种情况下，他也没有怀疑过美好的明天在向他招手。他身体上的复原让他决心不放弃任何梦想。1974年，他的唱片《manuel》使他在法国成为第一个获得金唱片奖的西班牙歌手。

1978年，胡里奥和哥伦比亚广播唱片公司签了一项长期合同，花了6个月的时间录一张唱片，他先用西班牙语演唱，后来用了法语、意大利语、葡萄牙语和德语唱。他同时还得花些时间录制用英语首次演唱的唱片。胡里奥·依格莱西斯的经历证明了他的箴言："人总有理由生存，总有理由奋斗！"这就是一个有雄心成大事者性格的真实写照。

有的人为了自己的梦想，可以坚持一年、两年、十年、二十年甚至一辈子，至死不渝，在他眼里，想要成功就不能放弃，放弃就一定不会成功！

如果自己感觉不好，似乎已经到了一个承受的底线，那就要暗示自己再坚持一下。坚持是一种莫大的勇气，这种勇气往往可以创造奇迹。

　　何阳领到工资后，请母亲吃饭。母子俩来到一家门面比较好的饭馆，一打开菜单，何阳血往上涌：自己微薄的工资还不够点一道好菜！

　　为了请母亲吃顿好饭，为了证明自身的价值，何阳自毁文凭，步入商海，开始了自己的职业策划生涯，最后终以"点子大王"名闻遐迩。

第六章　成功其实很简单

# 成功与否取决于心态

李伟曾经说过："如果你的想法是正面的，你会得到正面的结果；如果你的想法是负面的，你一定会得到负面的结果。"

在一次记者招待会上，一名记者问美国副总统威尔逊贫穷是什么滋味时，这位副总统讲述了一段关于他自己的故事：

我在10岁时就离开了家，当了11年的学徒工，每年可以接受一个月的学校教育，最后，在11年的艰辛工作之后，我得到了1头牛和6只绵羊作为报酬。我把它们换成了84美元。从出生一直到21岁那年为止，我从来没有在娱乐上花过1美元，每个美分都是经过精心算计的。我完全知道拖着疲惫的脚步在漫无尽头的盘山路上行走是什么样的痛苦感觉，我不得不请求我的同伴们丢下我先走……在我21岁生日之后的第一个月，我带着一队人马进入了人迹罕至的大森林里，去采伐那里的大圆木。每天，我都是在天际的第一抹曙光出现之前起床，然后就一直辛勤地工作到天黑后星星探出头来为止。在一个月夜以继日的辛劳努力之后，我获得了6美元作为报酬，当时在我看来这可真是一个大数目啊！每个美元在我眼里都跟今天晚上那又大又圆、银光四溢的月亮一样。

在这样的穷途困境中，威尔逊先生下决心，不让任何一个发展自我、提升自我的机会溜走。很少有人能像他一样深刻地理解闲暇时光

的价值。他像抓住黄金一样紧紧地抓住了零星的时间，不让一分一秒无所作为地从指缝间流走。在他21岁之前，他已经设法读了1000本好书——想一想，对一个农场里的孩子，这是多么艰巨的任务啊！

有的人只注意别人成功时的情景，而经常忘却了他们成功路上的辛劳、痛苦与危难。因此，在人生的征途上，我们必须要对苦难形成一个正确的认识，而且还要在社会生活中去验证苦难给我们究竟会带来什么。

塞缪尔·斯迈尔斯说："苦难对一个人来说是非常重要的。经历苦难使我们可以学会克服自己面临的各种困难。"

"艰难困苦和人世沧桑是最为严厉而又最为崇高的老师。"人生之路并非都是坦途，前进的道路上，困难、挫折都是难免的，人生起起落落也无法预料，但是有一点我们一定要牢牢记住：永不绝望。当我们遇到逆境时，千万不要忧郁沮丧，无论发生什么事情，无论你有多么痛苦，都不要整天沉溺于其中，无法自拔，不要让痛苦占据你的心灵。要尽量摆脱困境，让快乐永远陪伴着你。这样，成功自然也会不期而至。

在美国，有一个名叫雷·克洛的人。他出生的那年，恰逢西部淘金热结束，一个本来可以发大财的时代与他擦肩而过。按理说，读完中学就该上大学，可是1931年的美国经济大萧条使其囊中羞涩而和大学无缘。想在房地产上有所作为，好不容易才打开局面。不料，第二次世界大战烽烟四起，房价急转直下，结果"竹篮打水一场空"。为了谋生，他到处求职，曾做过钢琴演奏员、急救车司机和搅拌器推销

员。就这样，几十年来低谷、逆境和不幸一直伴随着雷·克洛，命运之神似乎已经完全淡忘了他。

困难和失败没有使雷·克洛意志消沉、怨天尤人，虽然屡遭挫折，但热情不减，执着追求。1955年，在外面闯荡了半辈子的他回到老家，决定卖掉家中少得可怜的一份产业做生意。经过一段时间的观察，雷·克洛发现迪克·麦当劳和迈克·麦当劳开办的汽车餐厅生意十分红火。他确认这种行业很有发展前途。当时雷·克洛已经52岁了，对于多数人来说，这正是准备退休、颐养天年的年龄，可雷·克洛却决心从头做起。作为餐饮行业的门外汉，他应聘到这家餐厅打工，学做汉堡包。麦氏兄弟的餐厅转让时，他毫不犹豫地借债270万美元将其买下。经过几十年的苦心经营，麦当劳现在已经成为全球最大的以汉堡包为主食的快餐公司，在国内外拥有3万多家连锁分店。据统计，全世界每天光顾麦当劳的人至少有1800万，年收入高达43亿美元。雷·克洛被誉为"汉堡包王"。

雷·克洛的奋斗历程给人以深刻的启迪。生活处处有磨难，关键在于你有一个什么样的心态。心态其实就是你的一切，它是我们每个人对生活所做的回应。人的心态是随时随地可以转化的，心态能让你成功，也能让你失败。一个人心里想的是快乐的事，他就会变得快乐，心里想的是伤心的事，心情就会变得灰暗。

每个人一生都会经历各种磨难，只不过是你怎样看待而已。人生的成功或失败、快乐或悲伤、幸福或坎坷，有相当一部分是由人自己的心态造成的。无论我们在什么样的职位、岗位，都需要有一个良好

的心态，才能让自己从心态中转变，从而改变自己的一生。机遇人人都有，机会要靠自己去把握。人都是一样的，你只能去适应环境而不要企求环境来适应你。

第六章 成功其实很简单

## 成功在于点滴的努力

平时，我总听有人说："如果我明天能中一百万就好。""看到别人开公司当老板，我也很着急啊。"……我们在追求成功的道路上总是太过心急，总希望成功在一夜之间就可以到来，却很少有人肯脚踏实地，一点点地努力、奋斗。这些人心浮气躁，平时不努力，小事看不起，只想坐等机会到来，一举成功。结果往往是事大了不知如何下手，肉大了不知如何下口，最终一事无成。要知道，"不积跬步，无以至千里"，无论大成就还是小成绩，都需要努力才能实现，需要积累才能得到。无论是做企业还是做人，不能急于求成，不要眼高手低，光想做大事，不屑于那些小努力、小成绩。只有大处着眼、小处着手，不断积累一点一滴的成绩，积累到一定程度突破临界点后，就会发生质变，就会突破现状，脱颖而出，达到新的境界，那将是更大的成功。

一个平时工作懒懒散散的年轻职员，在转正前一个月问老板："如果我兢兢业业工作一个月，你能给我转正吗？"老板答道："你的问题让我想到一个冷房间的温度计，你用热手捂着它，能使温度上升，但房间一点也不温暖。"

今天的成就是因为昨天奋斗的点滴积累，明天的成功则有赖于今天的努力。

其实，成功是一个过程，是将勤奋和努力融入每天的生活中，融入每天的工作中，人要建立起一个良好的工作习惯，也就是每天都坚持不懈地努力。一个成功的推销员用一句话概括他的经验："每天坚持比别人多拜访5个客户而已。"

荀子说："骐骥一跃，不能十步；驽马十驾，功在不舍。"成功不是靠一步登天，而是靠一步一个脚印走出来的，是经过长年累月的行动与付出累积而成的。

1986年，在美国职业篮球联赛开始之初，洛杉矶湖人队面临重大的挑战。因为在一年前，本来湖人队有很好的机会赢得冠军，因为湖人队所有的球员都处于巅峰，出其不意的是，他们在决赛时输给了波士顿的凯尔特队，这使得教练派特·雷利和所有的球员都极为沮丧。

湖人队的主教练为了使球员相信自己有能力登上冠军宝座，于是告诉大家：只要能在球技上进步1%，那个赛季便会有出人意料的好成绩。他说："1%的成绩似乎是微不足道的，可是，如果12个球员都进步1%，整个球队便能比以前进步12%，湖人队便终会赢得冠军宝座。"结果，在后来的比赛中，大部分球员进步不止5%，有的甚至高达50%以上，这一年湖人队轻轻松松夺冠了。

事实如此，在我们的工作中也一样，如果我们在工作中每天进步1%，一年之后，我们会进步多少，连我们自己恐怕都无法想象。

两年前，我与书商签订合同写一本书，当时我总共有一个月的写作时间，所以，在这一个月的工作日程表上，我每天都写着"写书"

两个字。

　　但是一周很快就过去了，我还没有写出只言片语。在最后期限来临时，我的书也只是写了一个开头。这样，书商只好再给我一个月的时间。在这一个月的时间内，我的工作日程表上仍然天天写有"写书"两个字，但书却还没有写出来。最后，书商无可奈何地又给我一个月时间，不过这次要是再写不出来，那可就要撕毁合同了，我开始发愁了："这可怎么办？"

　　幸运的是，我遇到了《为自己奋斗》一书的作者韩娜，她给了我一个建议——化整为零。

　　韩娜问我："你总共要写多少页书？"

　　我说："120页。"

　　韩娜又问："你总共有多少写作时间？"

　　"30天时间。"

　　韩娜说："很简单，只要你在工作日程表上写上'今天写四页'就行了。"

　　从此，我开始每天写四页，要是顺利的话，我一天可写上五六页，但不管是哪一天，我都至少写出四页来。就这样，在韩娜的指导下，我仅用了20天的时间就写出了这本书。从这件事，我明白了成功绝不可能一夜之间便能实现，而需要靠自己一点一滴的积累方能取得。

　　还有一个故事相信能给我们很多启迪：

　　有一位年轻人，在一家石油公司里谋到一份工作，任务是检查石油罐盖焊接好没有。这是公司里最简单枯燥的工作，凡是有出息的人

都不愿意干这件事。这位年轻人也觉得，天天看一个个铁盖太没有意思了。他找到主管，要求调换工作。可是主管说："不行，别的工作你干不好。"

年轻人只好无奈地回到焊接机旁，继续检查那些油罐盖上的焊接圈。他心想，既然好工作轮不到自己，那就先把这份枯燥无味的工作做好吧！

从此，年轻人静下心来，细致耐心地工作，仔细观察焊接的全过程。他发现，焊接好一个石油罐盖，共用39滴焊接剂。

为什么一定要用39滴呢？少用一滴行不行？在这位年轻人以前，已经有许多人干过这份工作，从来没有人想过这个问题。这个年轻人不但想了，而且认真测算试验。结果发现，焊接好一个石油罐盖，只需38滴焊接剂就足够了。年轻人在最没机会施展才华的工作上，找到了用武之地。他非常兴奋，立刻为节省一滴焊接剂而开始努力工作。

原有的自动焊接机，是为每罐消耗39滴焊接剂专门设计的，用旧的焊接机无法实现每罐减少一滴焊接剂的目标。年轻人决定另起炉灶，研制新的焊接机。经过无数次尝试，他终于研制成功了"38滴型"焊接机。

使用这种新型焊接机，每焊接一个罐盖可节省一滴焊接剂。积少成多，一年下来，这位年轻人竟为公司节省开支5万美元。

一个每年能创造5万美元价值的人，谁还敢小瞧他呢？由此年轻人迈开了成功人生的第一步。

许多年后，他成了掌管全美制油业95%大权的世界石油大王——洛

克菲勒。

当洛克菲勒被问及成功的秘诀是什么时，他总是说："重视每一件小事。我是从一滴焊接剂做起的，对我来说，成功在于点滴。"

# 第七章
# 志在成功，才能成功

人多不足以依赖，要生存只有靠自己。

——[法]拿破仑

# 唤醒成功的梦想

2012年春节过后，我在北京举办的一场演讲会上曾经这样说道："我要用自己的后半生，去实现早已生根在我心中很久的一个理想：在我实现自我价值的时候，承担起我应该承担起的社会责任，为了国家、民族的富强而奋斗。"

当我讲完这段话的时候，台下有一位小姑娘站起来问我："李老师，你这样的话是不是太空了、太大了？"听完这位小姑娘的话之后，我对她说：伟人之所以伟大，是因为他成就了一个伟大的梦想；伟人之所以伟大，是因为他在实践一个伟大的梦想；伟人之所以伟大，根源于他有一个伟大的梦想。我之所以强调梦想的力量，是因为我意识到梦想将决定我人生的成败。

我深深地知道，太多的人让梦想在庸常的生活里消弭于无形，他们不再心怀梦想，不再试图去塑造人生、把握命运，这些人也就失去了成为强者的可能。而我的人生，就旨在重建梦想，实现梦想，唤起每个人那无穷无尽的力量。

那一天，我永生难忘，我感觉到自己活在了真实的梦想之中。那天，当我从位于上地国际创业园的公司办公室回到家的时候，我提笔写了这样一段话：今天是我写下梦想的第一周，先将这个计划与几个朋友进行了沟通，几乎百分之百地得到了反对。理由很简单，他们认

为过去你是这样的，突然要变成另外一个样子，能行吗？最重要的是他们感到了一种触动，似乎如果你成功了，他们就显得很不成功的样子。

但在我看来，我认为有梦想总比没有梦想好，这正如哲人所云："人，因梦想而伟大。"美国黑人领袖马丁·路德·金之所以伟大，是因为他梦想黑人与白人们平等、自由。为此他在他的《我有一个梦想》中说：

100年前，一位伟大的美国人签署了解放黑奴宣言，今天我们就是在他的雕像前集会。这一庄严宣言犹如灯塔的光芒，给千百万在那摧残生命的不义之火中受煎熬的黑奴带来了希望。它的到来犹如欢乐的黎明，结束了束缚黑人的漫漫长夜。

然而100年后的今天，黑人还没有得到自由，100年后的今天，在种族隔离的镣铐和种族歧视的枷锁下，黑人的生活备受压榨。100年后的今天，黑人仍生活在物质充裕的海洋中一个贫困的孤岛上。100年后的今天，黑人仍然畏缩在美国社会的角落里，并且意识到自己是故土家园中的流亡者。

今天，我们在这里集会，就是要把这种骇人听闻的情况公之于众。

我并非没有注意到，参加今天集会的人中，有些受尽苦难和折磨，有些刚刚走出窄小的牢房，有些由于寻求自由，曾在居住地惨遭疯狂迫害和打击，并在警察暴行的旋风中摇摇欲坠。你们是人为痛苦的长期受难者。坚持下去吧，要坚决相信，忍受不应得的痛苦是一种赎罪。

让我们回到密西西比去，回到阿拉巴马去，回到南卡罗莱纳去，回到佐治亚去，回到路易斯安那去，回到我们北方城市中的贫民区和少数民族居住区去，要心中有数，这种状况是能够也必将改变的。我们不要陷入绝望而不能自拔。

朋友们，今天我对你们说，在此时此刻，我们虽然遭受种种困难和挫折，我仍然有一个梦想。这个梦是深深扎根于美国的梦想中的。

我梦想有一天，这个国家会站立起来，真正实现其信条的真谛："我们认为这些真理是不言而喻的：人人生而平等。"

我梦想有一天，在佐治亚的红山上，昔日奴隶的儿子将能够和昔日奴隶主的儿子坐在一起，共叙兄弟情谊。

我梦想有一天，甚至连密西西比州这个正义匿迹，压迫成风，如同沙漠般的地方，也将变成自由和正义的绿洲。

我梦想有一天，我的四个孩子将在一个不是以他们的肤色，而是以他们的品格优劣来评判他们的国度里生活。

我有一个梦想。

我梦想有一天，亚拉巴马州能够有所转变，尽管该州州长现在仍然满口异议，反对联邦法令，但有着一日，那里的黑人男孩和女孩将能够与白人男孩和女孩情同骨肉，携手并进。

我有一个梦想。

我梦想有一天，幽谷上升，高山下降，坎坷曲折之路成坦途，圣光披露，满照人间。

这就是我们的希望。我怀着这种信念回到南方。有了这个信念，

第七章 志在成功，才能成功

我们将能从绝望之岭劈出一块希望之石。有了这个信念，我们将能把这个国家刺耳的争吵声，改变成为一支洋溢手足之情的优美交响曲。有了这个信念，我们将能一起工作，一起祈祷，一起斗争，一起坐牢，一起维护自由；因为我们知道，终有一天，我们是会自由的。

在自由到来的那一天，上帝的所有儿女们将以新的含义高唱这支歌："我的祖国，美丽的自由之乡，我为您歌唱。您是父辈逝去的地方，您是最初移民的骄傲，让自由之声响彻每个山冈。"

如果美国要成为一个伟大的国家，这个梦想必须实现。

让自由之声从新罕布什尔州的巍峨峰巅响起来！

让自由之声从纽约州的崇山峻岭响起来！

让自由之声从宾夕法尼亚州阿勒格尼山的顶峰响起！

让自由之声从科罗拉多州冰雪覆盖的落基山响起来！

让自由之声从加利福尼亚州蜿蜒的群峰响起来！

不仅如此，还要让自由之声从佐治亚州的石岭响起来！

让自由之声从田纳西州的瞭望山响起来！

让自由之声从密西西比州的每一座丘陵响起来！

让自由之声从每一片山坡响起来。

当我们让自由之声响起来，让自由之声从每一个大小村庄、每一个州和每一个城市响起来时，我们将能够加速这一天的到来，那时，上帝的所有儿女，黑人和白人，犹太人和非犹太人，新教徒和天主教徒，都将手携手，合唱一首古老的黑人灵歌："终于自由啦！终于自由啦！感谢全能的上帝，我们终于自由啦！"

由此看来，一个有意义的梦想甚至可以改变一个国家、一个时代。孙中山之所以伟大，是因为他毕生都在实践推翻禁锢中国人民几千年的封建帝制的梦想；邓小平之所以伟大，是因为他亲手设计的强国梦真的让十几亿中国人强大起来。人，因梦想而伟大！同样，对于一个即将创业的我，或者说正在创业的我来说，我的梦想也非常重要，他将会影响到我的一生。

　　那么，我的梦想是什么呢？我的梦想就是在20年之后，我拥有属于自己的企业帝国，在这个帝国里，我拥有很多的财富，我拥有了琦金国际企业大厦，我为社会做了数不清的社会福利，我为国家上交了数以亿计的税收，我为国家的繁荣昌盛尽到了自己应该履行的社会责任。

第七章　志在成功，才能成功

## 梦想就在不远处

当一个人已经拥有一定实力的时候，他已经不需体现自己有多优秀了，他需要做的是去创建一个平台，让更多的人在这个平台上一起实现梦想才是他人生的价值和意义！

我对成功没有什么特别的定义。一些老板看着很厉害，开名车、住豪宅，可是与他一起打拼的员工却挤着公交车去上班，住在民房里。而另外一些老板，自己开着一辆很普通的车，而他的员工都是开着好车、住豪宅。把这两个进行相比，哪个老板的员工会力挺公司、全力以赴地为公司工作呢？我想答案我不说出来，大家也是知道的。每个人都有自己的思想，都有自己的路要走，也有自己的目标要去实现。但是，很多人在当下都没有办法去参加什么课程，也没有机会碰到自己的人生导师。人生最重要的导师没有找到，路要何去何从呢！

很多人经常迷茫不知道自己的去向，这很正常。因为我们的经历少，我们只是迈出了一步、两步……人生的不同，仅仅是迈出的步数的不同而已。所以，我们的迷茫，只是我们走到第几步的迷茫，并不是我们整个人生的迷茫！因此，从某个角度来说，只要肯前进，就不会有迷茫。

前不久，美国蓝德调查公司经调查后认为，一个人失败的原因，90%是因为这个周围的亲友、伙伴、同事和熟人都是一些失败和消极的

人。

事实也确实如此。在我的公司里，有这样一个年轻人叫周伽瑜，我和她的相遇是偶然的，但也是充满刺激的。1998年，当我在北京通过奋斗成为一位知名人物的时候，我认识了周伽瑜，她那积极向上的热情就深深地感染了我，好像我也变得自信了起来。

在我的记忆里，那天，周伽瑜已经感觉到自己已经走投无路了，她两眼木然地望着远方。却不知是何缘故，当我走到她身旁的时候，我手里的文件夹却掉了出来，重重地砸在了她的脚上，她情不自禁地"哎哟"了一声，我不停地向她说对不起，但就在一声惊叹之后，她却好像没有了反应。于是我对她的表情好奇起来。就这样，我们认识了，接着我们进行了一次对话，至于这次对话，周伽瑜在多年后回忆说："当我走投无路成为销售人员的时候，也是李总的鼓励和建议让我在最困难的时候能够支持下去。当然，除此之外，也不乏有一些和李总一样的朋友在身边支持我，并坚信我能成功。就是这有了这样的良师益友，才使我的梦想得到了实现。"

几乎每一位成功人士都需要良师益友，而只有有着同样目标和世界观的人才能进行真诚的交流。如果你能找到与你有同样渴求并且已经成功的人士，那么你成功的脚步会迈得更快，这是我在与一位年轻的银行总裁共进午餐后的最大体会。

当我和这位年轻的银行家在约定的餐厅见面时，我真的很惊讶，因为我没有想到他是如此年轻。而当我坦率地向他提出这一点时，他也只是笑笑，并且说这种事每天都在发生，他很希望快点老，那样就

第七章 志在成功，才能成功

不会吓倒别人了。

这位年轻人才28岁，就已成为了一家银行的总裁。并且他没有任何亲戚或关系网在银行里帮助他，而是靠自己的努力得到这个职位的。

这引起了我极大的好奇，而我本来就是个好奇的人。我问道："朋友，很少有人年纪这么轻，就能在银行里升得这么高的位置。我对此很好奇，你介意告诉我你是如何做到的吗？"

"哦，当然不，"他说，"这需要花许多功夫。真正的秘诀是：我有一位经验丰富的银行家朋友。在我大学毕业前，有一位退休的成功银行家到班上致辞，他当时已经70多岁了。他在临别时告诉大家，如果想与他成为朋友的人，可以打电话找他。听起来是不是他只是在说客套话，但他的建议却引起了我的兴趣。噢，我得承认，我迫切需要这样的朋友来激励和引导我。但我当时真的很紧张，毕竟他是个有钱而且杰出的人。但最后，对财富或说是成功的渴求占了上风，我终于鼓起勇气给他打了电话。"

此时，我完全被这个故事迷住了。看到我全神贯注地听他讲述，这位年轻的银行家很满意地继续回忆说："坦白地说，我很惊讶。他非常友善，甚至邀请我与他见面谈谈。我去了，并且得到了许多建议满载而归。他给我讲了许多他以前的奋斗经历，告诉我选择在银行做事，又告诉我如何将自己推荐给别人而获得一份工作。临走时他告诉我，如果我需要他，他还可以做我的指导老师。后来我们一直保持着非常好的关系，我每周打电话给他，而且我们每个月至少一起吃一顿

在奋斗中蜕变

午餐。他从来没有试着帮我解决问题，但是他的观念和思维却激发了我的成功欲望。并且我也了解到，要解决银行的问题，有哪些不同的方法，而这些方面都是经过时间和经验的沉淀才可以。"

听到这里，我对这位新朋友说："你是个聪明又幸运的人，我真的很高兴认识你。"年轻的银行家大笑起来，说道："是的，我也这样认为。"

假设我们都有这样一位看似平常的朋友在日常交往中，用一言一行影响着你，用他丰富的阅历指导你，你又怎么不会成功呢？

故此，我认为，很多东西都是自己内心的假象。每个人都会有梦想……曾经，我们在内心深处希望自己天赋异禀、有所作为，令人刮目相看，推动世界进步。也曾在某些时候，我们希望营造美好的人生，期待高品质的生活。然而有多少人，由于生活的挫折、日常的琐碎而不努力去实现这些梦想。而我的人生，就旨在重建属于我的梦想，实现梦想，唤醒每个人心中那无穷无尽的力量。

我从来不觉得自己很一般。我相信：每个人都是宇宙中的奇迹，这一切取决于你的心是怎么想的。生命是一样的，只是所走人生之路的宽度不一样、格局和境界不一样。

所以，要不断地扩大宽度、格局和境界。而这一切如果只是通过看书、看电视、看视频学习理论是远远不够的。只有深入红尘，深入生活，从不同角度、时间、空间来体验，用心去感受。只有感受，才会有最大的收获！

人，活着就要活出自己！我个人很喜欢苹果公司的创始人乔布

斯的一句话："人活着就是为了改变世界。"所以，我课程的宗旨就是——讲自己亲身实践过的东西，解决企业及个人当下所遇到的问题，这才是硬道理！

在奋斗中蜕变

# 让自己强大起来

许多人现在都会羡慕我的生活，羡慕我有辉煌的事业和舒适的生活。然而，在他们没有看到地方，是我的汗水、泪水和布满四周的荆棘。

如果把我的人生当作一盘棋来看的话，那么我的人生的结局就由这盘棋的格局决定。想要赢得人生这盘棋的胜利，关键在于把握住棋局。在对弈中，舍卒保车、飞象跳马……种种棋局就如人生中的每一次博弈，相同的将士象，相同的车马炮。因为下棋者的布局不同而大不相同。棋局的赢家往往是那些有着先予后取的度量、统筹全局的高度、运筹帷幄而决胜千里的方略与气势的棋手。

在我追求事业的发展过程中，我深深地懂得，一个人只有持久连贯的改变才是有效的。我们都曾经历过一次的、短暂的转变，最终却一无所获。事实上，很多人在尝试转变的过程中，不断涌出担心、恐惧等情绪，因为他们不知不觉地把转变仅仅当作是一种尝试。所以有些人的节食计划最后流产了，主要是因为他觉得这一切的努力和奋斗所承受的痛苦所能带来的只是短暂的改变。我在孜孜以求的是持续改变的组织原则，持续不断地改变我的人生轨迹。

人都有一种奇怪的心理，那就是往往容易站在自己正在遭受的磨难的立场上去揣想别人，觉得别人都比自己过得逍遥、幸福，相比之

下，自己则成了世上最晦气最不幸的人了。

有位智者为了消除人间的疾苦，就选了100个自认为最痛苦的人，让他们把各自的痛苦写在纸上。写完后，佛陀说："现在，把你们手里的纸条相互交换一下。"这100个人交换过手里的纸条后，个个十分惊奇，都争着从别人手里抢回自己写的。这其中有两层含义：一是说每个人都有自己的痛苦，因为看问题的角度、人生观等等不同，所以每个人的痛苦都不一样；再一点就是，别人的痛苦比你的更多更大，相比之下，你的那点痛苦就显得很微小了。只是，你以前为什么没有意识到呢？为什么要老张着眼睛羡慕别人呢？为此，我想起了张其金说过的一段话，他说："并非只有我的生活才充满悲伤与挫折，即便最聪明、最成功的人也同样遭受一连串的打击与失败，我为什么要看不起自己，不相信自己呢！"

近代著名的军事家、战略家曾国藩在谈到如何将事业做大时，有这样一句名言："谋大事者首重格局。"的确如此，一个人格局一大，哪怕从外表看起来，他似乎一无所有，但胸中却拥有10万雄兵。"笔底伏波三千丈，胸中藏甲百万兵"形容的就是善于造势、善于布局的人！

今天的企业家们在市场经济中成为主角的背景下，谁都想把事业做得大。但是怎样才能将事业做大呢？格局有多大，事业就有多大！格局决定命运，远见决定高度！成功的企业往往是有着人生大格局的企业家！

中国企业最大的问题，不是资金、不是市场、不是规模，而是经

在奋斗中蜕变

营者的思想和格局。企业发展最大的局限，就是企业领导人思想的刻板化、局限化、模式化，打破了，才能进步，才能成长，才能突破，才能腾飞！心有多大，舞台才有多大！格局不设限，人生才能无极限！

在我与一些知名企业家和培训时接触的过程中，其中有人问我："如何才能提升自己的格局呢？"我给他们的答案是：与时偕行，与时俱进。

我们知道，随着"注意力经济"时代的到来，企业和企业领袖的形象更多地走入人们的视线，成为关注的重点。一个有大格局的企业家不能忽视宣传的力量。而出版自己的专著，对个人或者企业都有极大的品牌提升力。这正如我在刚开始创业时，张其金对我所说："近几年来，出书的企业家如过江之鲫，企业家出书热潮更是一浪高过一浪。某些企业家在成为'娱乐明星'——出席各种各样的晚会和颁奖典礼的同时，他们的大作也连连面世，而且畅销市场。"

企业形象往往表现在人们对企业家的认识上，一本企业家自己的专著展示了他的事业理念、人生信条，描述企业家成长道路，彰显企业家开拓事业运筹帷幄的智慧，帮助其确立"儒商"形象。这样的案例很多，在我的印象中，自从张其金首次出版《中关村风云》之后，就有了《硅谷之谜》，然后是《如何造就中国的微软》《联想为什么》《微软的秘密》《蓝色巨人》《东软密码》等著作相继问世。哪怕是到最近的几年，比如：《蒙牛内幕》《欧派之道》《海尔中国造》《道路与梦想》等等图书也一路走红。对于这些企业家来说，出

书并不仅仅是为了赚钱，在他们心中，装着一个更深广的格局。

　　所以说，一个人，无论生在什么样的环境里，只要我们敢于憧憬未来，我们就会有机会实现梦想。就好像销售王子施文彬在校园里找到了改变自己的机会一样，我们也同样会有属于自己的机会。面对生活，施文彬选择的不是沉沦和等待，而是依靠自己的力量尽快地站起来！那时候他也明白了一个道理：如果一个人贫穷，就必定要接受令人心酸的事实，而改变这一事实的方法，就是让自己尽快强大起来！

在奋斗中蜕变

## 敢于梦想

敢于梦想的人，无论怎样的贫苦和不幸，他们总是相信较好的日子终会到来。

美国历史上充满了传奇式企业家的故事，他们不盲从权威，富于冒险精神，敢于为实现自己的"梦想"而奋斗。除大名鼎鼎的汤姆·爱迪生和比尔·盖茨以外，还有成百上千名不见经传者，他们凭远见和毅力取得了成功。下面就是两则这样的故事：

1989年的一个夏夜，45岁的斯科特·麦格雷戈还在加州胡桃湾市自己的家里敲打电脑，他从屏幕前抬起疲劳的双眼，瞧见厨房那边妻子黛安娜和十几岁的双生子克里斯和特拉维斯正凑硬币去买牛奶。

这位父亲顿生负罪感，他走进厨房，说："不能再这样下去了，我明天就出去找工作！""不能半途而废，爸爸。"特拉维斯反对。克里斯补充："你就要成功了！"

两年前，麦格雷戈放弃了有保障的"顾问"职位去谋求实现本人的一个"梦想"：他原效力的公司是在机场和饭店向出差的企业人员出租折叠式移动电话的，但这种电话不能提供有详细记载的计费单，而没有这种"账单"，一些公司就不给雇员报销电话费：现在急需在电话内装一种电脑微电路，以便记录每次通话的地址、时间、费用。

麦格雷戈知道自己的设想一定行得通，在家人的大力支持下，他

开始物色投资者并着手试验，单这项雄心勃勃的冒险进行起来并不顺利。

1990年3月的一个星期五，全家几乎面临绝境，一位法庭人员找上门，通知他们如果下星期一还交不上房租，他们就只有去蹲大街了。麦格雷戈在绝望之中把整个周末都用来联系投资者，功夫不负有心人，星期天晚上11点，终于有人许诺送一张支票来，麦格雷戈用这笔钱付了账单，并雇用了一名顾问工程师。但是忙碌了几个月，工程师说麦格雷戈设想的这种装置简直是"不可能"！

到了1991年5月，家庭经济状况重新陷入困境，麦格雷戈只好打电话给贝索斯——一家著名的电讯公司，一位高级主管在电话中问了他："你能在6月24日前拿出样品吗？"

麦格雷戈脑中不由想起了工程师的话和工作台上试验失败后扔得到处都是的工具，他强迫自己镇定下来，用尽量自信的声音说："肯定行！"他马上给大儿子格里格打去电话——他正在大学读电脑专业，告诉他自己所面临的严峻挑战。

格里格开始通宵达旦地为父亲设计曾使许多专家都束手无策的自动化电路，在父子二人共同努力下，样品终于设计出来了。6月23日，麦格雷戈和格里格带着他们的样品乘飞机到亚特兰大接受检验，一举获得成功。现在，麦格雷戈的特列麦克电话公司，已是家资产达数亿美元、在本行业居领先地位的企业。

正是不轻易动摇的信心让麦格雷斯走向了成功，成功从自信开始，建立起强大的自信，并自强不息、奋斗不止、勤奋不辍，你终会

在奋斗中蜕变

超过别人，战胜别人，成就自己。

如果不是拥有自信与梦想，麦格雷戈不会坚持到最后。只有相信自己并为之努力，才会摆脱困境，过上好日子。

每个人都有拥有梦想的权利，不管你是山沟里的一个穷孩子，还是城市里地位显赫的官人，梦想赐予每个人梦想的权利。不是有人说过吗？人这一辈子活于世间，就只有两件事情：做梦和圆梦！

问问自己：你的梦想在哪里？你有去圆自己的梦吗？

梦想，像一道美丽的彩虹挂在我们心灵的那一边，让我们在风雨中可以毫无顾忌地驰骋，只为迎接它的到来；梦想，像美丽的童话故事中灰姑娘的那双水晶鞋，展示着它生命的荣耀与光华；梦想，像高空中的海燕，不惧风暴的猛烈，仍能展翅飞翔；梦想，是我们每个人心中一盏永不熄灭的明灯，照耀着我们前方的道路，让我们的道路不惧泥泞和艰险，在每一次跌倒后都能勇敢地爬起，坚强地挺起胸膛！

奥里森·马登在他的著作《奋力向前》中如是写道："一个人，他可以一无所有，但不能没有梦想；一个人若想成功，首先要明确自己最爱的是什么，最渴望的是什么，梦想是什么。谁也不能没有梦想就能干成大事。梦想是一切成就的驱动器。恰是这一品质将成功者与苦干家、个性威严者与生性懦弱者区别开来。这辈子干什么、成为什么样的人、取得什么样的成就，在很大程度上都取决于你的梦想。"

我们每个人的一生就是圆梦的过程，这个过程有痛苦，有欢笑，有坎坷，有荆棘，然而，只要你一直坚定地走下去，直到叩响梦想老人的大门，他一定会带着慈祥的笑为你打开那扇门，让你走进梦想之

屋，获得你想要之物！

有人说，我的梦想就像高悬天际的启明星，我觉得自己永远无法够到它；

有人说，梦想只是属于那些有钱人、大人物，而我只是一个平凡的人，我永远无法触摸到梦想的翅膀；

有人说，梦想永远是梦想，永远不可能有实现的那一天；

还有人说，我曾经有过自己的梦想，可是生活的重压，早已磨去了我的棱角，梦想离我越来越远……

可是，你相信吗？梦想有着无限的可能，只要你相信他，只要你时刻让你的思维跟着你梦想的步伐，梦想会忠诚地跟随你！

除了你自己，没有人能够磨灭你心中的梦想！很多人之所以始终无法圆自己的梦，那是因为他自己限制了他自己，是他自己心中的"不可能"和"无法实现"将梦想阻挡在了他的世界之外！

有这样一个小故事：

在一个美丽的湖边，有很多人在那聚精会神地垂钓，周围很多游客悠闲地散步，欣赏美景，时而驻足欣赏着这些垂钓者垂钓。忽然，只见一名男子费力地将竿子扬起，一条三尺多长的大鱼跃然眼前，被拉上岸来，那大鱼还不断地翻跳着！周围的游客纷纷小声欢呼着："天啊，好大的鱼啊！""太少见了！""真是个幸运的家伙！"游客们纷纷看着这条大鱼。这名垂钓者却很冷静，他看看这条鱼，抬起压住鱼的脚，弯下腰，解下鱼嘴内的钓钩，捧起这条鱼，顺手扔进了湖中。这样的举动又引起了周围游客的一片惊呼！他们都想着："这

人雄心可真大啊！这么大的鱼还不能令他满意！"

周围游客的口味被调动起来，大家都屏住呼吸，继续看着这位神钓者。一会儿，这人又钓起一条大鱼，足有两尺多长，那男子如上次一样看了看便又放回了湖里。

"这次还不如上次的大，他哪能满意！"游客想着。

那男子的钓竿第三次扬起的时候，只见钓线末端钩着一条不到一尺长的小鱼。围观的人想："这么小，肯定又被放回湖里了！"

可是出人意料的一幕发生了，那男子将这条不足一尺的小鱼解下，小心地放进自己的鱼篓中。

围观的游客很是奇怪。其中一人忍不住上前问道："您为什么有大鱼不要反而留下这小鱼呢？"

那垂钓的男子不慌不忙，"噢，是这样子的，我家最大的盘子也不过一尺之长，那么大的鱼，我拎回去，家里的盘子也装不下啊……"

游客愕然……

现实中的我们，在编织我们心中的美丽梦想时，有否像那垂钓的男子般因为自己的平凡而不敢去梦想非凡的成就呢？你始终关闭着自己通往更高梦想的心门，认为自己永远也无法到达那样的高度，不相信自己可以做到那么好，那么棒，总是将自己阻挡在更高的梦想之外！

你，压缩了你梦想的空间！你，为自己的生命和梦想设置了限制！

相信自己，你是上帝创造的独一无二的个体，你是美好而珍贵的。生活在这个世界上，你不想让自己往更好的方向发展吗？你不想成为更好的自己吗？你不想借着梦想的翅膀一步步丰富自己的人生吗？那么，请放开你的思想，思想无界限！请扩大你心灵的视野，这样你才能看得更高更远！

小的时候，我们天真烂漫，总是有着自己美丽的梦想，"我要当一名科学家！""我要成为一名作家！"可是，当我们逐渐长大，梦想的空间却越来越小，是我们长大了，困难也跟着年龄变得多了，环境让我们无法去追逐自己的梦想？不是的，是我们用条条框框限制了自己的思维，把自己局限在自己设定的宽度和长度里，我们总是对自己说："这不可能！""你没法达到那样的高度！"思维是你忠诚实的行者，你觉得自己行，它就让你真的行；而你觉得自己不行，它就让你真的不行。于是，你在你设限的生命中就真的永远无法冲破自己的空间！

像小的时候那样，无所限制地去梦想吧，让心灵的视野没有边界！不管你的梦想多么遥远，只要你去想象，去相信，去实践，它终会成为现实！

在我们人生的道路上，在我们实现梦想的过程中，没有什么能够真正阻碍我们。有的只不过是一些我们心灵的障碍幻影，当你跳出来，或是搬开它，你会发现人生的光明大道无限地敞开在我们的眼前，那时，你会惊讶于自己所拥有的力量！

澳大利亚的一位作家伊沙·贾德曾写过这样一个故事：国王收到

了两只威武的猎鹰。他从未见过这么漂亮的猛禽，于是便把它们交给自己的首席驯鹰人进行训练。

几个月过去了，一只猎鹰已能傲然飞翔，另一只却一直待在枝头纹丝不动。

国王召集了各方的兽医和术士，命他们让这只猎鹰飞起来，但所有人都无功而返。最后无计可施的国王突然想：也许一个熟悉野外环境的人可能会解决这个问题。于是，他马上命人找一个农夫进宫。

第二天早晨，国王看见那只猎鹰终于盘旋在御花园上空。他兴奋地问农夫："你到底是用什么方法让这只鹰飞起来的？"

农夫回道："很简单，那就是砍断这只鹰抓着的树枝。"

是啊，"很多时候人也一样。"正像伊沙·贾德所说的那样，"我们每个人的心灵上都有双翅膀，但我们总忽略它的存在，固守在自己的领域里，为了安全感和舒适感，抓着熟悉的东西紧紧不放，从而失去了探寻精彩世界的能力。而往往，当那根'枝条'被斩断时，我们才发现原来自己能够自由翱翔。"

俞敏洪在一次演讲中说道："每一条河流都有自己不同的生命曲线，但是每一条河流都有自己的梦想那就是奔向大海！我们的生命有时候会像泥沙，你可能慢慢地就像泥沙一样沉淀下去了，一旦你沉淀下去了，也许你不用再为了前进而努力了，但是你永远也看不到阳光了。所以不管我们现在的生命是怎样的，我们一定要有水的精神，像水一样不断地积蓄自己的力量，不断地冲破障碍，当你发现时机不对时，把自己的厚度给积累起来，当时机来临的时候，你就可以奔腾入

海，成就自己的生命！"

有这样一个小男孩，他的家境贫寒，生活在社会的最底层，家里仅仅依靠父亲为他人修鞋赚取一点生活的费用，运气好的时候还能勉强维持生活，不好的时候一家人就只能饿着肚子过活。生活的贫困和饥饿的煎熬常常让这个小男孩受到同龄的富家孩子的嘲笑和讥讽。

然而，这个小男孩并没有自卑消沉，他有着自己的梦想，他梦想着自己有一天能够通过自己的不懈努力，摆脱贫困的生活，摆脱他人的歧视，成为一个受人尊敬的人！

没有人愿意跟他玩，没关系，他有着自己的梦想，有梦想和他做伴！白天的时候，他常常整天地把自己关在屋子里读书，然后等晚上父亲回来的时候听父亲给他讲《一千零一夜》的故事，每到这时，他总是骄傲地昂起头，看着他的父亲，对他说："爸爸，我有一个梦想，那就是以后成为一名出色的演员或是作家！"

在他11岁的时候，寒冷带走了他的父亲，留下了这对无助的妻儿，他和母亲的生活变得更加艰难，母亲唯一的谋生手段就是每天给别人洗衣服。在寒冷的冬天，河水的温度简直无法想象！

那些有钱人对这对困苦的母子依然不放过，他们嘲笑小男孩游手好闲。不得已，母亲便忍痛将小男孩送到附近的工厂里做童工。他常常一边工作一边歌唱，他的歌声带给了工厂的人快乐，后来工人们甚至不再让他干活，他只要歌唱就行。他甚至独个演起了威廉·莎士比亚的《麦克白》。

在这个小男孩14岁的时候，母亲决定让他做裁缝学徒，学会自

在奋斗中蜕变

己的一门手艺，以便以后能够维持生活。他执拗地反抗着，他告诉母亲："妈妈，我要当名人。"他哭着把他读过的许多出身贫寒的名人的故事讲给母亲听，哀求母亲允许他去哥本哈根，因为那里有著名的皇家剧院，他的表演天分也许会得到人们的赏识。

家里太穷了，母亲实在无法筹出什么东西可以让他带在路上，看着两手空空却要远离自己远离家乡的儿子，母亲难过地哭了。可是男孩小小年纪却安慰母亲说："我并不是两手空空啊，我带着我的梦想远行，这才是最最重要的行李。妈妈，我会成功的！"就这样，他两手空空地带着心中的梦想前往哥本哈根。

在离开故乡的马车上，他曾经写下过这样的句子："当我变得伟大的时候，我一定要歌颂安徒生。谁知道，我不会成为这个高贵城市的一件奇物？那时候，在一些地理书中，在安徒生的名字下，将会出现这样一行字：一个瘦高的丹麦诗人安徒生在这里出生！"

没错，这个小男孩就是安徒生！

陌生的城市让他感到渺小和孤单，但是他立刻擦去眼泪，告诉自己，现在不是哭泣的时候，要行动起来，信心百倍地行动。他像《天方夜谭》中的贫苦少年阿拉丁一般，开始为自己的神灯而奋斗了。

然而，每个人的梦想之旅都不是一帆风顺的，小安徒生也一样。在哥本哈根，他同样常常受到他人的嘲笑，他饰演的角色也只能是侏儒、男仆、侍童、牧羊人等。而且突然而来的一场大病又严重损害了他的声音。他终于明白，要实现成为名人的梦想，已无法依靠舞台。

在哥本哈根的日子里，他阅读了很多名著和剧本，他清醒地意识

到自己所要追求的"神灯"是什么了。于是，在以后的日子中，他开始投入到写作中。

在开始的日子中，由于他没有名气，他的书写出来根本没有人买，他得到的依旧是嘲讽和奚落，被人说成是"对梦想执着，但时运不济的可怜的鞋匠的儿子"。

他懊恼过，绝望过，可每一次懊恼和绝望过后，他总是能振奋起来，一遍又一遍地鼓励自己，"我并不是一无所有，至少我还有梦想，有梦，就有成功的希望！"

终于，在他23岁的时候，在他经过9年的哥本哈根寻梦历程过后，在一次次刻骨铭心的失败后，他的剧作《在尼古拉耶夫塔上的爱情》公演，得到了公众的承认和欢呼。他的梦想开始向他展现了笑容！

在他29岁的时候，他的长篇小说《即兴诗人》出版，受到热烈追捧，因此，一举成名。与此同时，他的第一本童话集问世，收录了四篇童话——《打火匣》《小克劳斯和大克劳斯》《豌豆上的公主》《小意达的花儿》，也就此奠定了他作为一名世界级童话作家的地位。

是什么让安徒生从一个两手空空，什么都没有的小男孩，成为一名世界级的童话作家，是从未泯灭的梦想，他可以什么都没有，但是他一直携带着自己心中最重要的东西，那就是梦想！梦想只要能持久，就终能成为现实。

没有梦想的人生一定是苍白的人生。梦想让一个人从内心黑暗的夜走向洒满阳光的大道上，它让艳丽的花朵盛开在尽管贫瘠的土地

上，让温润的雨露浇灌每一个干涸的心灵，让一切不可能转变为奇迹张开飞翔的翅膀飞落在人们惊讶的目光中。

拿破仑说："不想当将军的士兵一定不是好士兵！"没错，梦想是支撑我们每个人不断前进的动力。如果说人生是一场旅行，那么，旅行的途中我们可以什么都没有，但是却一定不能缺少了梦想。时刻有梦想做伴，我们的人生才充满无限可能，变得美妙异常！

因此，请点燃你的梦想，带上你的梦想飞翔，且对它坚信不疑！

第七章　志在成功，才能成功

# 追求永无止境

追求，是把梦想变成现实的、活生生的可以触摸得到的东西。

追求本身是一件值得人赞誉的事情，珍惜当下，就是在为自己追求的目标负责任。

如果说每一个过去是一本故事书，那么"现在"就是故事书的作者；"未来"就是这本书的读者。书的内容是否精彩就看今天的自己在做什么，自己做的每一件事情又是否是值得的，有多少价值。

幸福，这个人类的最初目标，其实只是一种心理状态。只有对未来的成就抱着希望，才能达成这一目标。幸福永远存在于未来，而不是过去。

成功，这个奋斗者的最终目标，原动力也是心理状态。只有梦想着尚未获得的成就的人才会拥有。

幸福与成功两者之间却有着密不可分的联系。

你想要拥有的房子，你想赚来的钱财，你想要做的旅行，你想要担任重要的职务，以及为实现这些目标而进行的准备过程本身都能产生幸福。此外，这些都是组成你"明确目标"的因素，这些都是可能使你对它们产生热情的事物，不管你目前的状况如何。

在天涯论坛的职业板块曾经有这样一个帖子，楼主帖子的内容如下：

"我白天要上班，晚上要上夜大自考班，整天好像是紧张充实，又像是浑浑噩噩，我没有时间去看清晨的日出和彩霞，晚上与星星谈谈心，驻足于草坪花丛听听花儿、草儿生长的声音，我幻想着有一天我能放下这一切的俗务，到海南、到西双版纳、到夏威夷去度假，那时我该有多快乐……"

　　在给这位楼主的回帖中，很多坛友都在安慰她的难过，也同样表达自己的无奈。是的，她的幻想是很美丽的，足以让世上的大多数人动心，但也许它实现的机会很小。

　　其实，通过自身的努力，我们是可以尝试把享受幸福与体会成功相联系在一起的。要享受生活、要快乐并不需要那么多的附加条件。虽然生活本身很忙碌，但完全有时间有条件满足看看星星、看看日出的愿望。因为我们早出晚归的生活为我们创造了条件。这不是一种自我解嘲的诉说，而是一种乐观的心态。忙完一天的工作，骑上我们的"宝马"自行车，迎着太阳落下后晚间徐徐的凉风，思索一天的收获。如果你加班了，那么就更有幸运看到星星了。这些享受不也都一一实现了吗？所以，不要把这些享受留在明天。只要你今天有享受的心情，你就完全能做到，明天会有明天的不如意和制约条件，是靠不住的，甚至你还会懊恼今天没有好好享受年轻的心情与生活呢。

　　享受生活和享受成功是可以相辅相成的。需要太多的条件与借口，它最需要的只是一种你需要它的心情。

　　面对今天的现实，给自己今天的快乐，另外一个时空会有另外一种快乐，错过了今天，你也就错过了今天的快乐。而且不只是休闲娱

乐中有快乐，工作、学习中也有快乐，它随处躲藏，需要你用心灵去体会。

现实是一种难以捉摸而又与你形影不离的时光，如果你完全沉浸于其中，就可以得到一种美好的享受。抓住现在的时光，是玩耍的时间就尽情地玩耍，是休息的时间就畅快地休息，是工作的时间就认真地工作。怎么可以总是"身在曹营心在汉"呢？抓住现在的时光，这是你能够有所作为的唯一时刻。不要期待在将来生活的某一天，会发生奇迹般的转变，一下子变得事事如意，幸福无比。未来永远没有你想象的那么美好、如诗如画，它也只能是将来的一种真真切切的现实。

很多时候和朋友闲聊的我们，都会有类似的话题：

在上高中的时候总觉得每天都是习题、作业、试卷……太枯燥了；到了大学又会抱怨专业的垃圾和就业形势的严峻，工作之后仍然发现没有时间和心情去玩去享受，结婚、房子、车子、孩子……也许等到要退休或临终时还会想呢：这一辈子，什么时候才可以放松去享受呢？做了这么多的事情怎么还没有获得什么成功呢？

社会环境总是要求人们为将来牺牲现在。根据逻辑推理，采取这种态度就意味着不仅要避免目前的享受，而且要永远回避幸福——将来的那一刻一旦到来，也就成为现在，而我们到那时又必须利用那一现实为将来做准备：幸福遥遥无期，成功遥遥无期。而且终有一天，我们又会陷入对以往的追悔中。

珍惜每一个人生的阶段，体会每一个人生阶段，哪怕不只有快乐

在奋斗中蜕变

的回忆，只有在这样的态度下生活，才不会轻易错过任何的获得，不会在这种明天与昨天的交替中失去了今天。

昨天，是张作废的支票；明天是尚未兑现的期票；只有今天，才是现金，才能随时兑现一切。人的生命就是活在今天，活在现在，因为昨天已经成为过去，明天还没有到来，所以，今天的事情就是你生命的全部，做好现在手头上的每一件事情你就没有白活。

过去—现在—未来，看似在一条线上，其实只要抓住了关键的中间，两边的存在都是可以忽略不计的。

人活着必须要有追求，如果没有追求，没有理想，没有目标，将会迷失自己，会活得很空虚、很迷茫，不知道自己为了什么而活着。我们必须清楚地知道自己要什么东西。

小时候想当个科学家，长大后想做名律师，退休了想上老年大学……人一生有无数个想去达成的梦想，也就意味着有无数次想去实现的冲动。追寻一个梦想也许一年、五年，甚至一辈子，所以说，追求是没有止境的。

很多人奋斗了一生，最后还是一个失败者，或者说是一个失意的人。原因很多，很重要的一点是因为没有发挥潜能的良好环境，他们从未处在一个足以激发他们潜力的环境中，所以他们的潜能没有被激发出来。那么有人问了，这类人的人生会有价值吗？有，当然有，只要他曾经追求过，那么即使没有好的结果也是不会去后悔的。倘若现在仍旧在坚持的话，那么甚至是值得很多人去学习的。

中国古代有"大器晚成"的说法，有的人直到老年时才成气候，

但相对于一生都埋没在贫瘠的土壤中不能生长的人来说，也算比较幸运。什么时候成事不重要，重要的是你为此而付出的努力是实实在在的，收获的人生经历也是实实在在的。

一个到了中年还目不识丁的人后来做了美国西部一个城市法院的法官。这个人从前的职业是一个铁匠，没有接受过正规的教育，但他后来当了法官，这是一个大幅度的成功跨越，这个成功跨越源于他听了一篇"教育之价值"的演讲。这次演讲激发了他潜伏的才能和远大抱负，最后成就了一番事业。他从自己成功的经验中萌发了一个很大的抱负，要帮助同胞受教育。他60岁的时候，拥有了全城最大的图书馆，很多人在他的图书馆里获得了受益一生的教诲，他本人也被公认为学识渊博的人。

这样的事例很多，在我们生活的周围，你只要细心观察，你会发现很多人都有类似那位法官一样的经历，直到老年时他们的潜能才被激发，有的是由于阅读富有感染力的书籍而受感动；有的由于聆听了鼓舞人心的演讲而受感动；有的是由于朋友真挚的鼓励。

一个人的潜能有时候很像捉迷藏一样，要在适当的契机下才能被发现，所以你必须时时留意生活中的蛛丝马迹，潜能开发得越早越好。当然，开发潜能并不意味着必须要到特别的环境中去，有时候，发挥你潜能的机会就在你身边。潜能的寻找也是人生追求中很重要的一部分，同样的，这种追求也是无止境的。

有一个贫穷的人天天想着怎样致富，可是他年复一年的辛苦并没有给他带来财富。终于有一天，他无法忍受自己的贫穷生活了，他告

在奋斗中蜕变

别母亲，要到远方去寻找挣大钱的机会。他带上干粮出发了。

一天，当他翻山越岭走进一片森林里的时候，天完全黑下来了，他想今天就在森林里过夜吧，于是就地睡在一块草坪上。第二天，天刚亮他就醒了，当他从草地上坐起来的时候，他惊呆了，在朝霞万丈的森林中，他看到一个奇迹，原来昨夜他躺下的地方，竟长满了人参花！

这个小故事告诉我们：追求总是能带给人惊喜地发现，但在那之前必须坚持不断寻找。在这个过程里，要坚强到没有什么可以扰乱你的头脑；要和遇见的每一个人谈论健康、幸福和欣欣向荣的事业；去看所有事物阳光的一面，把乐观主义精神坚持到底；只去想最好的事情，只为最好的结果而工作，只向往最好的结果。

此外，追求是没有博爱的选择，是每个人都拥有的权利，它不受种族、血缘、年龄……一切条件因素的制约。跨越了这些的追求，是更为值得人去学习和赞扬的。

美国前国务卿康多莉扎·康迪·赖斯9岁那年，父亲带她去华盛顿游玩，并在白宫美国总统的办公桌前拍照留念。9岁的赖斯一脸庄重地对父亲说："总有那么一天，我会在这里面工作的。"

这是一个黑人小女孩在1963年的一个大胆的梦想。赖斯的两位曾祖父母是黑人奴隶，可是赖斯的确有理由有这样一个梦想。大约在40年后，她真的在白宫拥有了自己的一席之地，并且发挥着举足轻重的作用。美国总统布什骄傲地宣称："国务卿是'美国的脸'，世界将从赖斯身上看到美国的力量、仁慈和风度。"

1963年的美国，笼罩着深深的种族歧视阴影。20世纪50年代后期，在处于分裂的拥有众多黑人的伯明翰，是一个到处都潜伏着白种人威胁的环境。"三党""黑衣骑士"通常都在晚上出没，全副武装，不加选择地在黑人学校、黑人教堂和黑人住宅区投放炸弹。

在伯明翰，在她的童年时期，赖斯痛苦地承受着"不公平和压迫的浪潮"，包围在她外部的世界是敌对的、冷酷无情的。她受到的教育模式和父母在思想上对她的鼓舞影响着她的人生道路的抉择。在她立下誓言的40多年后她的梦想实现了。

这些故事，包括几乎所有谈论成功的书籍都在告诉我们："一个成功者都有一个伟大的梦想。"可是现实中还是有很多模仿成功方法却依然没有成功的人，这是为什么呢?

要将梦想变为现实，一定要做三件事：第一，目标远大且合理；第二，用适合自己的方式方法认真对待，全力以赴。第三，将目标变为现实。

倘若严格遵守了这些，你的梦想之门就即将要被你的真诚，努力和坚持追求所扣开。加油!

# 超越自我

每个人的身体里都住着一个魔鬼和一个天使，我们要做的是不被他们任何一个左右。

人生在世，最大的敌人不一定是外来的，而可能是我们自己。若用别人的标准衡量自己很容易的话，那不如问问自己到底想做到什么，达到什么样的效果。其实，虽然很多人看起来像竞争对手。但实际上我们需要去证明的只有自己，需要去超越的也只有自己。

其实每个人都有超越自己的经验，年幼时候，没有人逼我们学走路，我们却试着自己站立、不断跌倒、不断站起、不断试步，终于能从爬的阶段，进入走的时期。然后，我们对走也不满足，又要学习跑。逐渐的我们能跑能跳能说能写，不断超越自己。而后到了一定的阶段这些超越变得越来越少，很多人由此开始甘心平凡。只有少数的人会说："我不要做一个普通人，我要超越！超越我那看来有限的自己"。于是在这种不信自己办不到的信心和努力下，他们将自己提升了。且随着不断地提升、不断地超越，为人类的历史，创造出更辉煌的成就！

从人类成长的过程中我们不难看出，超越是人类所固有的天性。是一种难得的人生财富。一个合格的人，优秀的人都会去珍惜这个财富，并将它用于检验和完善自我。

巴西足球运动员贝利是众多男子的楷模，是超越自己的典范，也是西点军校学员的一个重要榜样。贝利自幼酷爱足球运动，有一次，他参加了一场激烈的足球赛，累得喘不过气来。休息时，贝利向小伙伴要了一支烟。他得意地吸起烟，嘴里不停吐出一缕缕淡淡的烟雾。小贝利有点儿陶醉了，似乎刚才极度的疲劳也烟消云散了。这一切，全被父亲看到了，父亲的眉头皱起了一个大疙瘩。

晚上，父亲坐在椅子上问贝利："你今天抽烟了？"

"抽了。"小贝利意识到自己做错了事，红着脸，低下了头，准备接受父亲的训斥。

但是，父亲并没有发火。他从椅子上站起来，在屋里来来回回走了好半天，才平静地对贝利说："孩子，你踢球有几分天资，也许将来会有出息。可惜，你现在抽烟。抽烟，会损害身体，使你在比赛时发挥不出应有的水平。"

小贝利的头低得更向下了。父亲又语重心长地接着说："作为父亲，我有责任教育你向好的方向努力，也有责任制止你的不良行为。但是，是向好的方向努力，还是向坏的方向滑去，决定于你自己。我只想问问你，你是愿意抽烟呢？还是愿意做个有出息的运动员呢？孩子，你该懂事了，自己选择吧！"说着，父亲还从口袋里掏出一沓钞票，递给贝利，并说道："如果你不愿意做个有出息的运动员，执意要抽烟的话，这点钱就作为你抽烟的经费吧！"父亲说完便走了出去。

小贝利望着父亲远去的背影，仔细回味着父亲那深沉而又恳切

的话语，不由地哭了。他哭得好难过，过了好一阵，才止住哭声。小贝利猛然醒悟了，他拿起桌上的钞票还给了父亲，并坚决地说："爸爸，我再也不抽烟了，我一定要当个有出息的运动员。"

从此以后，贝利不但与烟无缘，还刻苦训练，球技飞速提高。15岁就参加了职业足球队，16岁进入巴西国家队，并为巴西队永久占有"女神杯"立下奇功。如今，贝利已成为拥有众多企业的富翁，但他仍然不抽烟。

他的传奇人生再次印证：人生在世，最大的敌人不一定是外来的，而可能是我们自己！我们难以把握机会，因为犹疑、拖延的毛病；我们容易满足现状，因为没有更高的理想；我们不敢面对未来，因为缺乏信心；我们未能突破，因为不想去突破；我们无法发挥潜能，因为不能超越自己！

鲤鱼跳龙门的故事是人尽皆知的古老传说，但也同样告诉人们一个千古不变的道理：

鲤鱼们都想跳过龙门。因为，只要跳过龙门，它们就会从普普通通的鱼变成超凡脱俗的龙了。可是，龙门太高，它们一个个累得精疲力竭，摔打得鼻青脸肿，却没有一个能够跳过去。它们一起向龙王请求，让龙王把龙门降低一些。龙王不答应，鲤鱼们就跪在龙王面前不起来。它们跪了九九八十一天，龙王终于被感动了，答应了它们的要求。鲤鱼们一个个轻轻松松地跳过了龙门，兴高采烈地变成了龙。

不久，变成了龙的鲤鱼们发现，大家都成了龙，跟大家都不是龙的时候好像并没有什么两样。于是，它们又一起找到龙王，说出自己

心中的疑惑。龙王笑道："真正的龙门是不能降低的。你们要想找到真正龙的感觉，还是去跳那座没有降低高度的龙门吧！"

这个故事告诉我们：超越的意义在于挑战自己的极限，改变自己的人生。如果目标的难度和高度已经谈不上什么超越，而是触手可及的东西，那么对自己的人生又有什么帮助呢？每个人的身体里都住着一个魔鬼和一个天使，我们要做的是不被他们任何一个左右。我们要在不降低标准的前提下实现超越，这样的超越才是质的飞跃，才是有益于我们人生的。成功的人生是优质和超越的一连串组合，是需要付出极大的努力的。

在奋斗中蜕变